上海市青少年健康教育系列
精品课程拓展读本

总主编 ◎ 钱海红

草木养心

中学生心理健康读本

本册主编 黄 燕

编委会

吴宏皓 玛格丽特-颜 张 艳 吴 芸
张晋川 赵 娟 早安小意达 何婉青
金爱华 韩 笑 朱定亚

复旦大学出版社

序言
草木何以养心?

　　"草木养心",多好的一个名字,这让人想起汪曾祺先生的《人间草木》。草木本在自然,如今还成了一门艺术,美其名曰"园艺"。表面上,是人在养草木,可我要说,是草木在养人,是草木在养心。

　　人之为人,不得不应对三种关系——我和社会相处、我和自然相处、我和自己相处。

　　我们读书上学,满眼是人,满眼是交通,满眼是知识,满眼是科技突飞猛进,和社会相处已然成为我们生活本身。我们像一条条小鱼儿,在世间游泳,时而欢畅,时而紧张,时而热闹,时而暗淡,所以我们并不缺乏和社会相处的经验。但是,我们和自然相处的机会却大不如前了。

　　曹孟德东临碣石山,来观沧海,但我们难达沧海;陶渊明东篱下采菊,悠悠然望南山,但我们不可摘花;白居易最爱湖东游览,白堤避阴,但西湖却在杭州;苏东坡回首萧瑟来处,无风雨无晴,但我们的家长根本就不准我们淋雨;毛润之天高云淡,望南飞之雁,但我们没有大雁可以望……城市的生活设施越来越完善,但水泥森林让我们更加远离大自然。名山大川难以见到,竹海松涛难以亲临。我们更多接触的是高楼大厦,是各家各户公寓楼里的小格子间。我们个体意义上的"我和自然相处"变得珍稀了,难得了,可贵了,迫切了。

　　但是,把草木山川放进来,把陶潜苏轼请进来,把二十四节气融进来,把种植技术用起来,再把自己的一颗心安放进去,园艺就诞生了,诗意也就诞生了,大自然也就亲近了。草木,养心了!

　　说到花花草草园林艺术,上海的资源可谓丰富。顾村公园林间漫步,大宁绿地看

"海"，徐光启公园金黄的银杏叶在瓦蓝的天空下纷纷飘落，古猗园的荷花，秋霞圃的红叶，上海植物园的花展，徐家汇中心绿地的黑天鹅……这些，都是我们可以亲近自然、修养身心的地方。就算是学校，也少不了花草树木，甚至有些学校还有草坪、树林、苗圃、金鱼池、农业基地，它们更是我们亲近自然的渠道。自家院落、阳台客厅、书房一角也可以种花植草，点缀生活。同学们，我们生活在这草长莺飞、莲叶田田、如水似梦的江南，何其幸运啊！

比起九寨的水、张家界的山、蜀南的竹海、大兴安岭的雪，园艺的格局似乎太小了。然而，园艺妙就妙在"小"。正是因为"小"，和自然相处才变得日常，变得唾手可得，变得能够参与其中，变得可以掌控干预，而不必排队拥挤，也不必舟车劳顿，更不会有摘花破坏绿化之嫌疑了。小小的园艺，可以改良土壤、培育草木、浇灌施肥、修剪枝叶、查看病虫、守候花开、葬花扫叶、以花入茶、结伴欣赏、拍照著文、漫步冥思……真是畅所欲为啊！

人吃五谷杂粮，难免身体有病；人处生活琐屑，难免心理有疾。身病易治，心病难医。而亲近园艺恰好就是一个心灵的自我疗愈、自我保健的过程。

亲近草木，可以养心，是因为园艺活动就是做一个农夫，当一个诗人，扮一个工程师，兼一个摄影家，成一个冥想者，为一个创始者，做一个长不大的孩子依偎在自然的怀抱里……充分的接触，充分的体验，让心灵充盈，让生命丰满，让人对美好有品味，对艰难有开悟，对生活有热情。而一个丰盈的生命才能更好地与社会相处，更好地和自己独处，进而让"社会、自然、自我"成为一个和谐圆融的整体。看，在园艺中，我和社会相处、我和自然相处、我和自己相处都完美地实现了。

在园艺中，我们学会悦纳自己，像一棵卑微的小草不会自弃；在园艺中，我们领悟感恩，领悟阳光雨露空气土壤之恩，绽放自己独特的美丽；在园艺中，我们懂得延迟满足的意义，如同种子发芽到果实采摘需要耐心等待的过程；在园艺中，我们懂得珍惜生命，因为每一枚种子都不会辜负春天，辜负土壤的滋养，辜负阳光雨露的恩泽；在园艺中，我们学会选择，因为植物在春夏秋冬、在二十四节气只做符合时令的事情；在园艺中，我们学会专注，感受心理流畅的美妙……人间草木，让我们学会遵循自然的规律，懂得没有春耕夏耘，就没有秋收冬藏……看，在园艺活动中我们"道法自然"。

亲爱的孩子，你是祖国的花朵，老师恰好是辛勤的园丁，学校就是我们的苗圃，一场盛大无比的园艺活动正在热烈地展开。老师，像农夫热爱庄稼和田野一样热爱孩子和教育，像诗人看待草木花果一样饱含温情，像工程师一样奇思妙想建筑人类的灵魂。学生的成才，让老师像农夫收获丰硕的果实，像诗人写出动人的诗篇，像工程师设计出精妙的产品，满足、快乐，实现了自我。这，何尝不是园艺的哲学？

一个孩子，亲近草木，侍弄园艺，可以疗愈自己；一个老师，教育孩子，可以升华自己。

哎呀，这草木，这园艺，恐怕是一种微缩的文明，一种生命的哲学呀！草木，当然可以养心！

吴宏皓

2020 年 1 月

前　言

　　本书是为中学生开发的园艺疗法课程。这是以学生实践操作为主的情境体验式互动教学课程，是在有园艺专长的心理老师或有心理学背景的园艺疗法师带领下开展的以园艺活动为媒介的心理训练、心理教育和心理疗愈的课程。本课程把沙盘技术、正念冥想、绘画疗法、叙事疗法，以及心理团体训练、自然教育等方法和理念与园艺活动融合在一起，使学生在栽培、观赏、感受植物等活动中体验到草木之美，以植物之美浸润心灵，唤醒对自己内心的了解、尊重和接纳。在人与植物建立紧密关联的过程中，以生命见证生命，以生命影响生命，最终帮助人们缓解压力，舒展身心，提升心理健康水平，提升幸福指数。

　　本书为一学年共两学期的课程，共20课，每课连上两节，共40节。本书中所提及的植物的花期、管护注意事项等均以上海地区为参照，外出观赏体验活动请根据当年本地植物生长的实际情况安排时间。

　　在上海市民办华育中学，我使用自编的园艺疗法教材给第二课堂学生上课已有10年时间。读本正是在此基础上产生，由我主要执笔完成。除了早安小意达完成"草木养心读本推荐"的写作和录音，还有另外13位伙伴参与了课文中部分段落的写作：玛格丽特-颜参与了第六、十一、二十课的写作，吴宏皓参与了第十一课的写作，张艳、张晋川参与了第五、十七课的写作，赵娟参与了第七课的写作，吴芸参与了第十九课的写作，金爱华参与了第八课的写作，赵倩录制了第十四课的冥想指导语，何婉青、韩笑、朱定亚、沈桂冰和李家全参与多个环节的工作，感谢课题组的所有成员！

　　本书使用图片近500张，除了我自己拍摄的以外，还有46位朋友将佳作无私地提供给本书使用，他们是：玛格丽特-颜、苍耳、于东航、李树华、张明文、章利民、谢吉明、派特·欧多夫（Piet Oudolf）、梳子、张艳、蒋虹燕、康建军、张育松、尹曦萌、韩咏晨、朱振宇、刘俊、兰子杙、吴芸、古小燕、朱英、张晋川、朱小茜、早安小意达、傅庆军、谢吉标、谢宏泰、席小康、胡曦璇、关心、邱忻、侯海甬、黄毅、苏芸、李菁菁、花小仙、蒋美华、华林水、高昊、马超然、周碧青、刘延、张梓楠、毛秀玲。

感谢帮忙寻找照片源的张稚羽、迈克·莱珀（Michael Leipold）、柴晋康、王水琴、杨红宣、李琪、小鱼、方小龙、崔德荣、陈颖、曾矛、陈闲生、李小雨、罗瑛、黄微、向利华、程剡、蒋亿民等。

园艺疗法能走入中学课堂，受益于很多专家学者的指导和帮助。感谢亚洲园艺疗法联盟主席、清华大学建筑学院景观学系的李树华教授，亚洲园艺疗法联盟首任秘书、苏州大学建筑学院风景园林系郑丽副教授，上海市绿化和市容管理局市容管理处处长王永文先生，广州市越秀区馨和社会工作服务中心理事长赵娟女士，上房园艺公司总经理黄建荣先生，上房园林植物研究所所长申瑞雪女士，岭南押花艺术非遗传人傅庆军女士，上海市徐汇区教育局调研员于东航先生，上海市中小学心理辅导协会副秘书长、徐汇区教育学院张建国先生。感谢心理咨询师曹晓敏女士、王佳明先生、李霞女士、王晗女士等同仁为本书提供园艺疗法相关资料、信息。

感谢上海市青少年健康教育精品课程建设项目组组长、上海市学校卫生保健协会副会长、复旦大学健康传播研究所执行所长钱海红博士，复旦大学基础医学院党委副书记张镭博士，复旦大学上海医学院杜铁帅博士，复旦大学出版社查莉女士给予我的悉心指导和帮助。

感谢华育中学各位领导的大力支持，没有学校注重学生身心健康的长远发展理念，就没有这本读本的诞生。感谢同事袁卫华、黄惟纲的专业指导，感谢同事朱定亚、吴芸、陈晓君、李家全、毛海玲、姚莉雯、张琳、吴幼兰和许洁等人长期以来呵护"心禾园"里的花草树木，这块300㎡的场地，是学校特为师生开展园艺疗法活动开辟的花房和菜园。

最后，特别要感谢我的家人，如果没有家人的全力支持和爱护，我不可能在繁忙的工作之余，占用几乎所有业余时间完成读本的写作。

期待专业人士和广大师生提出宝贵的意见和建议。联系邮箱：huanglaoshizixun@163.com。

上海市2019精品课《草木养心：中学生心理健康读本》课题组组长　黄　燕

2021年1月1日

学生怎样使用这本书?

　　亲爱的同学，当你翻开这本书，读到这里的时候，我要恭喜你，你已经找到了桃花源的入口，从这里开始往前走，有一片神奇的花园将进入你的心灵，让你内心绽放如春天。这本书可以怎么使用呢？给你三点提示：

　　1. 除了上课使用，这本书更是你的课外阅读资料。但想要满足你强烈的好奇心，你还需要阅读一些相关书籍，查阅一些资料，甚至你可能还会做一些实验……总之，请不要满足于本书的有限内容；

　　2. 你制作的二十四节气钟会提醒你，四季变换中植物会有怎样的变化，你的身体和心理也会随着时间的流逝而变化，你在照顾植物的需求时，也会关注自身的多种需求，你将与植物一起成长；

　　3. 当你认真观察植物的生长状况，及时浇水、松土、拔草、修枝，并记录植物的每一个细小的变化，当你的心被它牵动的时候，不知不觉中你就被疗愈了。

"儿童是自然不可分割的一部分，他们不仅有权利享受健康的环境，而且有权亲近自然以提高自己的身心健康，提高学习和创造能力。"

——联合国《儿童权利公约》

目录

第一课　植物和温度的故事

本课学习目标：

1. 初识你所关注的那棵树，并做好记录；

2. 填写二十四节气名称，标注今年相对应的日期；

3. 制作二十四节气钟；

4. 认识10种夏季开花的观赏植物；

5. 经由植物生长的适温范围，去感悟人与环境的关系。

　　白兰幽香、荷花亭亭、紫薇粉紫、凌霄橙黄之际，只道"夏已盛极百花稀"，这是在讲我们上海地区的夏季花事。却有印度诗人泰戈尔写的名句："生如夏花之绚烂，死如秋叶之静美"，何处寻那灿烂夏花呢?

说一说：上海的美丽夏花

上海地区夏季盛开的花儿有：

1. 荷花　　　　　2. ＿＿＿＿＿

3. ＿＿＿＿＿　　4. ＿＿＿＿＿

5. ＿＿＿＿＿　　6. ＿＿＿＿＿

7. ＿＿＿＿＿　　8. ＿＿＿＿＿

9. ＿＿＿＿＿　　10. ＿＿＿＿＿

白兰花

洁白如玉，花香若兰。
最热的暑期也依然花开不断。

松果菊

自春末初开，盛夏热烈绽放，到深秋依然不衰，
不仅观赏期长，且具药用价值。

1

大花马齿苋　黄燕子　摄影

蓝猪耳

牵牛花

蓝雪花

千日红　玛格丽特-颜　摄影

圆锥绣球

紫薇 黄燕子 摄影
别称痒痒树，木材常用来制作家具，全株都具有药用价值。

活动：校园漫步

　　校园漫步，观察校园的花草树木经历了一个暑假的酷热之后的状态。挑选一株校园木本植物作为你关注的植物，从今天起观察它每个月的变化情况，并做好记录。

　　选定你的树，先观察树的形态，再近观其树干、树枝、树皮、树叶、花或果，用手摸一摸质感，用鼻子闻一闻味道，用耳朵听一听风拂过枝叶的声音。让自己的心平静下来，静静地拥抱它，脸轻轻地贴着它，感受它的生命力。

活动：说一说，写一写

1. 根据刚才在校园里的观察结果，填写下表；
2. 和小组同学交流你的感受；
3. 每个小组推荐一位代表发言。

我关注的植物是 ＿＿＿＿＿＿＿＿＿＿＿＿＿＿＿＿＿＿＿

我观察到校园里：

依然充满活力的植物有 ＿＿＿＿＿＿＿＿＿＿＿＿＿＿＿＿

已经枯死的植物有 ＿＿＿＿＿＿＿＿＿＿＿＿＿＿＿＿＿＿

状态不佳的植物有 ＿＿＿＿＿＿＿＿＿＿＿＿＿＿＿＿＿＿

我感觉到 ＿＿＿＿＿＿＿＿＿＿＿＿＿＿＿＿＿＿＿＿＿＿

凌霄花 张明文 摄影
能借助气生根向上攀援，也可向下垂挂，花期5—9月，是夏季重要的观赏花卉。

夹竹桃 黄燕子 摄影
花期从初夏到深秋，常作城市行道树，被誉为"环保卫士"，能净化空气、保护环境。夹竹桃的叶、茎、皮虽有毒性，但也可制药。

睡莲 黄燕子 摄影
花姿动人，花色绚丽，被誉为"水中女神"，花期5—10月。

3

1. 植物生长需要哪些条件?
2. 夏季的高温对植物会产生什么样的影响?

四季分明的上海,雨热同期,高温和高湿使上海地区七八月的开花植物的品种和数量远不如凉爽的地区。

高温下,植物的水分平衡遭到破坏,光合作用就会变弱,呼吸作用增强,植物生长开始变得缓慢,植株叶子慢慢干枯掉落,植物被灼伤,乃至死亡。

植物只有在自己的适温范围内生长,才能保持健康的状态。

植物因品种不同,而有着不同的习性。同学们暑假旅行到高海拔或高纬度地区,看到天竺葵、吊金钟、大丽花、波斯菊、虞美人等观赏花卉绚烂绽放,是因为当地气温凉爽,人们体感舒服,花儿也欣欣向荣。这些品种的植物最适宜的温度是10—25℃,它们害怕高温,在上海度夏艰难,即便是顽强地活了下来,但状态并不好,大多谢苗休眠,有的甚至死亡。如果将它们放在阴凉通风的地方,并控制浇水,或许能熬过艰难的日子。

植物的耐热性、耐寒性等特性使部分园艺品种不能在上海的冬夏两季开花,对于爱花的你,是否感到遗憾呢?有人说,人类的科技发展到今天,我们完全可以给自己喜爱的花草制造一个“小气候”,不计成本建造一个光照、温度和湿度等条件都能进行人工控制的温室,温室花草四季如春。但或许我们还有另外一个选择,那就是种植一些适合本地气候条件的花草品种,这是最经济便捷的选择,也是最环保的选择。正如人们常说的,适合的才是最好的!美国职业指导专家、心理学家约翰·霍兰德认为,当人们的职业选择与自己兴趣、人格类型等相匹配时,工作中就更有热情,工作满意度更高,也就更容易取得职业成功。所以,你将来做什么工作,可以考虑这项工作跟你的性格、能力特点和兴趣的匹配程度。不过,人们对事物的兴趣并非天生就有,很多兴趣其实与我们付出的努力分不开。因此,你可以多去尝试那些未知事物,并认真钻研,最终你就能知道什么是适合自己的。

回忆刚刚过去的暑假，在这两个月里，如果你外出旅行，看到哪些花儿绚烂绽放？天竺葵、吊金钟等在上海的夏季因高温休眠的花草，却能在那些凉爽的地方盛放，这给你怎样的启示？

四川康定的吊金钟 席小康 摄影
跑马山脚下的康定市，七八月气温12—22℃，是风光优美的避暑胜地。

纳马夸兰的樱花和遍地的菊科花朵 苏芸 摄影
南非纳马夸兰地区位于南半球，气温较高，降雨量少，干湿季节分明，是世界上著名的野生多肉植物的花园王国。8月下旬正值当地冬末春初，温和多雨，鲜花盛开。

瑞士琉森花桥 黄燕子 摄影
琉森花桥又叫卡贝尔廊桥，位于瑞士中部城市卢塞恩（Luzern），桥两侧栏板上种满鲜花，十分美丽。瑞士8月平均温度12—22℃，很适宜花草的生长。

列支敦士登墓园花艺 黄燕子 摄影
列支敦士登位于欧洲阿尔卑斯山脉中部，7月凉爽宜人，平均气温18℃。在这静谧的长眠之地，被精心呵护的鲜花肆意开放，展现出蓬勃的生命活力。

物候期

多数植物春天发芽、生长，孕育花蕾；夏天开花、结果；秋末落叶，进入休眠期。植物从发芽、生长，到孕蕾、开花、结果，直至落叶休眠，这一系列阶段，被称为物候期。经过长期的观察、记录，物候期能准确预报植物开花时间。

二十四节气

地球围绕太阳公转一周，是地球的一年，被人们划分为24个节气，每个节气约15天。24个节气在不同的地区，代表的气候、物候、时候这"三候"的变化也有所不同。

二十四节气歌

春雨惊春清谷天，夏满芒夏暑相连。
秋处露秋寒霜降，冬雪雪冬小大寒。

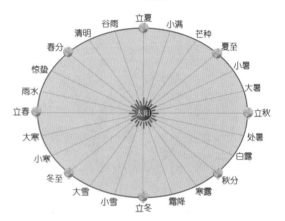

二十四节气钟

课后作业

1. 背诵二十四节气歌，之后翻到本书第136页，在相应的位置写二十四个节气名称。

2. 请从本周开始，观察身边植物的生长情况，并在本书第136页，与节气对应的外圈位置，记下正在开花的植物名称。坚持下去，一年后，就会有一张专属于你的花事历诞生。

动手制作

用纸板（或其他材料）制作一个二十四节气钟，每次上课把钟的指针拨到当天的日期，并在旁边记录当天的气温和正在开花的植物名称。

课后思考

在日本，每年春天，几家网站发布当年各地樱花花期的准确预测，给人们赏樱提供方便。你推测一下他们是如何做到准确预测花期的？你该怎么做，才能在未来成功预测你所关注的那棵树的花期呢？

第二课 植物的有性繁殖

本课学习目标：

1. 了解植物的有性繁殖知识；
2. 掌握播种的步骤和方法，把种子带回家播种；
3. 借助种子游戏，认识自己的优点，更好地接纳自己。

有性繁殖

用植物的种子播种来繁殖的方式，就是有性繁殖。有性繁殖的优势主要是：新的植株能继承"父母"两方的遗传基因，生命力强，也具有遗传变异性。

植物的花分为无性花、单性花和两性花。一朵两性花，兼具雄蕊和雌蕊，而单性花，却只具备雄蕊和雌蕊中的一种。雄蕊产生的雄性生殖细胞叫作精子，雌蕊产生的雌性生殖细胞叫作卵，通过受精作用精卵结合，形成新的个体的第一个细胞，即合子。合子分裂分化成胚，胚存在于种子中，这个种子遇到合适的气温、土壤、光照就会萌发出幼苗。而没有雄蕊和雌蕊的无性花，虽然本身不能繁殖后代，但可以吸引昆虫过来帮助旁边的有性花传粉。

美国俄勒冈州立大学的乔治·珀纳尔（George Poinar）教授的研究团队在一块来自白垩纪早期的保存十分完好的琥珀化石中，发现了早期开花植物有性繁殖的证据，这项研究表明，植物有性繁殖的机制已经维持一亿年不变。

从植物的生态来看，一粒种子，就已经隐含着一朵花的元素。

种子外围常常有一个坚硬的壳。在硬壳的保护中，里面那柔软的部分叫作"仁"（杏仁的仁、瓜子仁的仁），那就是种子发芽的部位。

一粒种子，给它阳光、雨水、土壤，在适合的气温下，它就要发芽了。它努力挣开硬壳的部分，让那柔软的"仁"发芽，长出像婴儿的手一般的叶片，迎接阳光，迎接雨水。

其实，在整个植物的生长中，我们都会觉得一种美的喜悦。生命的成长并不容易，我们在植物的成长中往往看到的也就是自己的成长，我们觉得"美"，常常也是因为在植物中看到了自己，看到了成长过程的喜悦与艰难吧。

——蒋勋《艺术概论》

各式各样的种子

　　老师给每个人准备了一个种子包,里面的种子数量和品种都有所不同,请任意拿一包回到自己的座位上仔细拆开,在白纸上分类摆放,看看你得到了几个品种,各有几粒种子?

　　如果你觉得种子还不够,可以到讲台上老师的盒子里拿取。

小游戏　神秘的种子

游戏规则:你拿多少粒种子,就要讲出自己多少个优点。大的种子代表大的优点,小的种子代表小的优点。

- 听老师给大家讲不同种子是什么植物,并在包种子的纸上写下种子的名称。
- 大家轮流讲自己大大小小的优点,请把你的优点记录在相应的种子名称旁边。
- 通过刚才优点的讲述,你有什么感想呢?

思考

　　天竺葵的种子成熟后自带美丽的羽毛,这羽毛起什么作用呢?

天竺葵的种子和花　黄燕子　摄影

关于播种

秋高气爽的9、10月，那些喜欢凉爽环境的品种便可播种。在秋天适宜的气温条件下，植物的枝条生长蓬勃，经过秋冬的营养积累，待到来年的春天气温回升，植株就会开出大量的花。

发芽的绿豆

当你准备播种时，一定要先了解植物的习性，包括不同品种的花卉在播种温度、湿度、出芽时间、种子发芽需光性等方面的特性。

1. 温度：对于大多数植物而言，当白天温度20—30℃，夜间10—20℃时，最适合播种，所以春天和秋天都可以播种。有的品种可以在夏秋之交或秋冬之交时播种，也有的品种比如薄荷，则春夏秋三季均可播种。

2. 湿度：种子发芽需要一定的湿度，但过多的水不利于小苗生长，还可能引起种子霉烂。

3. 出芽时间：多数从2、3天到2、3周不等，但也有的需要两三个月才能出芽。

4. 种子发芽需光性：喜光性种子多为细小者，如矮牵牛，需要浅播或者不覆盖土。厌光性种子多数较大，播种时需覆盖一定厚度的土壤。不论厌光还是喜光，等种子出芽后，都需置于光照充分的场所，植物方能正常生长发育。

5. 有的种子播种前需要经过浸泡、低温或高温等特殊处理。多数种子如果在常温的水中浸泡12—24小时后播种，能更快发芽。爬山虎、瑞香、牡丹、九里香、百日红、香豌豆、羽扇豆、文竹等坚硬的种子，用温水浸泡1—2天后播种能更快发芽。有些秋播的草本花卉的种子，如丁香、蜡梅、耧斗菜、飞燕草、紫菀、大岩桐等，需经过2—3个月的低温（0—10℃）处理，才能打破种胚的休眠状态进入发芽阶段，也可秋天播种后放在室外过冬，来年春天自会发芽。流苏、牡丹、芍药等种子具有胚轴和胚根双休眠的特性，需经过高低温的变温处理，我们便可把种子和湿沙放一起，经过1—3个月的高温后，再放进冰箱冷藏放置，到春天播种，发芽率便会很高。

植物的播种时机因各地日照、四季长短、冬夏温差等差异而不同。比如，波斯菊、旱金莲等喜凉的一年生草本植物，在没有夏季的拉萨，春天播种，花期能持续到秋天；在有着漫长酷暑的江浙沪地区，如果冬季能提供不低于10℃的生长环境，则可秋播，赏花期从初春至初夏，但夏季的高温使它休眠甚至死亡。也有园丁摸索出在夏天播种旱金莲，秋天能够开较长时间的花，你可以试试不同时间播种的效果。

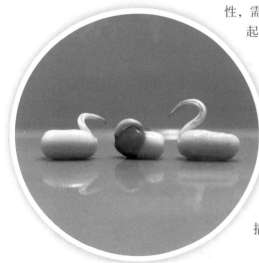

发芽的绿豆

播种三步曲

第一步：播种前的准备

1. 对种子、泥土（或介质）、花盆等进行消毒。

准备好栽培容器，包括育苗盆或育苗穴（建议利用废旧塑料盒代替）和花盆。家里有土地的同学，确保土壤翻晒平整过再播种。盆栽需选择疏松、干净又营养的土壤作为育苗基质，可购买现成的，也可自己配制，配制比例：85%的泥炭土（中等粗细）+10%的珍珠岩（颗粒直径3—4毫米）+5%的蛭石（颗粒直径3—5毫米）。将准备好的土壤或基质装盆后浇透水，水中加入杀菌的药剂。

2. 种子杀菌后浸种12—48小时（细小的种子不必浸泡，可跳过这一步）。

第二步：播种

用手指或筷子在湿润的土壤或介质里按下一个小坑，放入种子，喜光的种子不要覆盖，厌光的则需覆盖一定厚度的介质。然后轻缓浇水，避免把种子冲走。

第三步：播种后的管理

始终保持育苗盆里的土壤湿润，出芽之后移到阳光充足的地方生长。待真叶长到3—5片，就可以移栽到地里或者花盆里了。不需移栽的品种要注意间苗。

播种过密不利于生长　　　　挑壮实的，别伤着根部　　　分栽后置散射光处缓苗，一周后逐步移至室外

秋播的品种推荐

适合秋天播种的主要花草有：旱金莲、天竺葵、矮牵牛、二月兰、三色堇、角堇、紫罗兰、虞美人、毛蕊花、香豌豆、飞燕草、黑种草、瓜叶菊、洋桔梗、香雪球、洋地黄、多年生满天星、风铃花、多年生花菱草、石竹、薰衣草、薄荷、金盏花、穗花婆婆纳、西洋滨菊、除虫菊、大花金鸡菊、矢车菊、雏菊、天人菊、金光菊等。

还有一些蔬菜也可秋播，比如：青菜、生菜、萝卜、鸡毛菜、茼蒿、芹菜、莴苣、卷心菜、牛心甘蓝、胡萝卜、罗勒、草头等。

播种的方式和方法

播种方式：露地播种、盆播、水培。
播种方法：点播、撒播、条播等。

在沙床上直接播种豌豆

育苗盘穴适合大规模生产

纸巾催芽三步法

1

第一步，把种子摆放在面
巾纸上，加入适量凉水；

2

第二步，覆盖2层湿纸在
种子的上面，每天换水；

3

第三步，等种子破嘴出芽，
便可仔细移栽到泥土里。

使用育苗块播种

1. 买来的育苗块放进育苗盒里，用水浸泡30—60分钟，待胀起后挖一小坑，放入种子，依据种子特性决定是否覆土。之后保持湿润，但注意不可过湿。
2. 等幼苗长出3—5片真叶，便可移栽到花盆或地里。将育苗块整个放进花盆的泥土中，不要去除无纺布，根自会有力量长出来。

育苗块里的草种发芽

沙床上的南瓜发芽

不花钱的种子从哪里来？

柚子　朱振宇栽种并摄影

1. 我们吃的水果，比如火龙果、柚子、芒果、龙眼等，它们里面有籽或者核，是植物的种子；
2. 厨房里的绿豆、芸豆、黄豆、荞麦、玉米等，只要没超过一年，也可以拿来播种，发芽率都不错；
3. 炒菜用的辣椒和西红柿，如果成熟度够高，里面的籽也能播种；
4. 公园绿地的一些植物到了结种子的时候，你可以在不破坏绿化的前提下采收一些，比如牵牛花、黄秋英、蜀葵、波斯菊、大叶吴风草等；
5. 和花友交换种子。

课后作业

1. 把种子带回家播种，并做好观察记录。
2. 观看BBC视频《植物私生活之——游历》。

第三课 植物的无性繁殖

本课学习目标：

1. 了解植物的无性繁殖知识；

2. 学会分生和扦插方法，并栽种吊兰和落地生根，做好吊兰和落地生根的栽培观察记录，体会不同品种的植物在成长过程中的差异；

3. 积极投入课堂"强强联手的游戏——嫁接对对碰"活动中，并思考：如何看待他人的强项？如何发挥自己的优势？

植物开花以后，通过一些媒介传粉而受精，会形成果实和种子，人们再把种子进行播种，开始新一轮的生长，这种植物的有性繁殖过程，使其生命生生不息。有性繁殖的优势是生命力强，寿命长，具有遗传变异性，后代在演化过程中能够不断适应环境的变化，有利于物种的进化和生存。

不用种子繁殖，直接由母体细胞分裂产生新个体，这种方式是植物的无性繁殖。无性繁殖的植物好处是不易发生变异，往往更快开花结果，但是寿命短，还可能产生退化。

其实，地球上的生命是从无性繁殖开始的，大约在十亿年前或更早的时候进化到有性繁殖。不过，至今仍然有一些生物保留了无性繁殖的能力，其中既有部分植物，还有单细胞生物，以及菌类。

落地生根是一种生命力极强的多浆观叶植物，其大叶片上长有许多小叶片，等它们成熟后掉落在地上就会生根并成长为一株新的植株。

如果你用很小的花盆种落地生根，少给水，它的生长就会十分缓慢。但是如果你能够给它提供一个大的生长空间，并给足水肥，它会长得很大哦！这就好比我们如果不给自己设限，敢于尝试，会成长得更好，人的潜力是巨大的。

当落地生根开花的时候，叶子就不再丰满肥厚，叶子边缘的不定芽变少，因为它把所有的能量都用来开花了！就如有的人，放弃了许多次要的事情，把全部精力集中在重要的事情上，更容易取得成功。

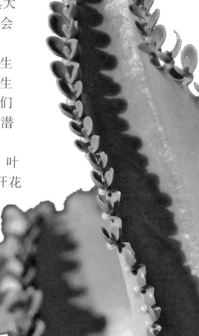

宽叶落地生根　黄燕子　摄影

紫璐和忆宵是同一年级不同班的同学，因为有共同的园艺爱好而成为朋友。这个周末，应忆宵邀请，紫璐去她家的露台花园参观，忆宵家的花草争奇斗艳，紫璐兴趣盎然，其中有几个在花市上难得一见的稀罕品种引起她的关注，紫璐也想栽培这几个品种，可是又不能把忆宵家的这几盆搬回家。展开你丰富的想象力，看看有哪些方法可以帮助紫璐实现愿望呢？把你和同学们能想到的点子记录在下框里，看看谁的脑洞开得最大：

欣赏植物　黄燕子　摄影

　　分生、扦插、压条、嫁接等，是人们在繁殖花卉的时候经常使用的方法，都属于无性繁殖。因为生物体的细胞具有全能性，每个细胞，都有可能长成一个完整的生命体。克隆技术、育苗生产中的扦插技术，现代医学中的再造器官，都是细胞全能性原理的运用。因此，植物体的根、花、果实、种子、枝、叶等任何一个细胞组成的有机体，都能成长为一株完整的植株。随着科学技术的发展，微体繁殖法被越来越多地运用于农业、林业和园艺产业，包括植物组织培养、细胞培养、花粉培养等。总之，有了这些技术，要克隆一棵植物，你只需要取得这个植物的部分营养器官即可。

分生

吊兰一盆分为两盆

左图的吊兰生长茂密，从花盆里掘出老株后，沿地下根茎分切而变成两部分，分别种在花盆里，置于有散射光的阴凉处，一周后移到光线充足的地方

人们利用植株基部或者根部能够长出新的枝条这一特性，将新的枝条与母株进行分离，另外栽培出新的植株，这种繁殖方法就叫作分生繁殖。

分生包括分株和分球。

分株法，对丛生性强的花卉灌木和萌蘖［niè］力强的宿根花卉，比如：孔雀竹芋、兰花、牡丹、吊兰、芦荟等，较为适用。

分球法，主要用于球根类花卉，如酢浆草、风雨兰、马蹄莲等适合此法。

吊兰有三种繁殖方法：播种、扦插和分株。其中分株法最为常用，因为分出来的植株已经带有根系，很快就能正常生长。

吊兰的第一种分株法：将吊兰整株从盆内取出，把带泥团的根部分割成2—3个部分，每个部分各保留2—3个茎，再分别栽种培养。

吊兰的第二种分株法：吊兰的簇生茎叶，已经具备长短不一的气生根，直接剪下栽入花盆内培植即可。

气根

匍匐茎

吊兰　黄燕子　摄影

16

扦插

扦插（也称插条或插穗）：植物的茎、叶、根、芽等部位都能剪下来插入泥土中（或先浸泡在水中，等生根后再栽种到泥土里），变成新的植株。

第一步　　　　　　　　　　第二步　　　　　　　　　　第三步

1. 用锋利剪刀（事前消毒）剪取一段健康的枝条；
2. 将枝条种到花盆里，浇足定根水后，放到太阳直射不到的地方，等待生根；
3. 两个月后，扦插苗的根系已经十分健康，可栽种到大的花盆里。

扦插是否成活，往往不必拔出来看是否长根，而是通过观察叶片的状态，叶色发亮了，或已长出新枝条，便可以逐步移至光照充足处生长。

扦插成活的蓝雪花，叶色发亮　　扦插的硬骨凌霄长出了新的枝叶

把剪下来要扦插的枝条放在水里浸泡，很容易长出根来，再种到土里，能大大提高成活率。

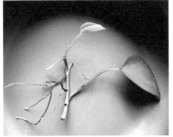 

绿萝剪下来可以水培，也可直接将长了根的绿萝种进土里　　多肉植物的叶片平躺在花盆里一段时间，小宝宝就自己长出来了，这种方式叫叶插

17

嫁接

嫁接是把一种植物的一条枝或一个芽，接到另一种植物的茎上，两种植物慢慢长在一起，形成一个新的品质更优良的完整植株。植物受伤的细胞增生愈合后连接在一起，形成一个新的整体，植物所具备的这种愈伤的机能正是嫁接能成功的原理。如同人在身体和心理受伤后，也具备自我疗愈的能力。一定的挫折、磨难可以激发人们的潜力，迫使人们更加奋进。智慧的人视坎坷和磨难为垫脚石，借力攀登人生高峰的阶梯，这样的坎坷使他们的生命有机会变得丰满。

嫁接技术常用于观赏草木和果树、蔬菜等植物的繁殖。嫁接不仅有利于提高产量、克服连作危害，还能扩大根系吸收范围和能力，增强植株抗病能力，提高植株耐低温能力。因此，嫁接技术是一个强强联手的游戏，人们通过人工嫁接，将两个品种的优势集于一株植物

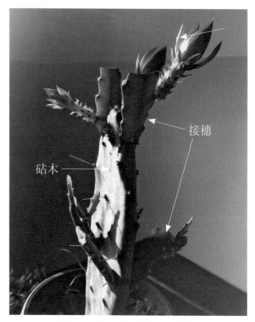

嫁接在仙人掌上的令箭荷花

上。例如，果实虽小的杜梨，有着植株抗病力强的优势，人们便把果实又大又甜的鸭梨嫁接在它上面，这样鸭梨抗病力弱的缺点就被杜梨的优势所取代，最终形成的新植株也就具备了两者的长处。

如果砧木和接穗是同一种植物，亲和力自然没有问题，例如，有人把不同品种的苹果树嫁接到一起，让一株苹果树结出多种苹果来，满足了人们吃到不同风味苹果的愿望。任何不同的植物嫁接在一起都能长好吗？一般说来，砧木和接穗的亲缘关系越近，亲和力就会越强，嫁接到一起后，伤口愈合较快，后期长势迅猛，开花多结果壮。例如苹果接于沙果；鸭梨接于杜梨、秋子梨；柿接于黑枣；核桃接于核桃楸；黄瓜接于黑籽南瓜等都有不俗的表现。

嫁接的假昙花 黄燕子 摄影

强强联手的游戏：嫁接对对碰

游戏规则：

每个人领取一张写着植物名称的牌子（或砧木或属于接穗的品种名），轮流站到讲台前举着。当你看到可以与你嫁接的配对出现后，你就带着牌子上前与他并列站着，各自说出自己植物的优势。说完植物之后，两人再说出各自性格和能力的最大优势，看看有没有可能联手开一家公司或者做成某件事情。

压条

普通压条示意图 朱定亚 绘制

给硬骨凌霄花的枝条中部包上湿润的泥土，等待长根 黄燕子 摄影

用压条法繁殖植物，操作十分方便，成活率非常高。如图所示：将植物的枝、蔓埋到湿润的基质中，过段时间，把生根的枝条从与母株连接处剪断，就得到一棵新的植株。压条法包括：普通压条法、堆土压条法、水平压条法、波状压条法和空中压条法。

很多植物都有多种繁殖方式。通过种子和扦插这两种方式繁殖的植物特别多，比如瓜叶菊、旱金莲、月季、薄荷、夹竹桃、连翘、迎春花等；而土豆、红薯、荷花等用种子和块根（块茎）这两种方式均可繁殖后代；半夏、山药等通过种子、块根（块茎）和不定芽三种方式繁殖后代。生物的繁殖能力是否越强越好？需要注意的是，有一些生命力强大的植物可能会影响到人们的利益。如日本虎杖，加拿大一枝黄花、凤眼蓝（即水葫芦）等等。大部分入侵植物其实是作为有用植物，人们有意引入的，通常具有一定经济价值，像大米草、福寿螺等，但引入后事态的发展难以控制。外来物种的入侵也有可能是人们在旅途中无意引入，如今人们已经意识到这个问题的严重性，因此没有植物检疫证书是不允许带植物过海关的。

课后作业

当白天气温降至20—28℃，体感凉爽舒适，我们就可以开始用这一课所学的无性繁殖技术为自己种一些可爱的花草，并定期写观察日记。

1. 把今天课堂上种的落地生根和吊兰带回家养护；

2. 选择一个你喜欢的品种分生或扦插：吊兰、绿萝、薄荷、月季、蓝雪花、绣球、天竺葵、紫鸭跖草等；

3. 叶插多肉植物。

第四课　园艺植物的群落之美

本课学习目标：

1. 初步了解花器、花坛、花境的知识；
2. 绘制自己梦想的花园图景。

　　花卉植物的美，可以是单个的，可以是小群落的组合式的美，还可以是大面积的花海。

　　人们休闲时喜欢逛的公园，是由多种植物以不同的方式组合在一起的集中展示。一片叶、一朵花、一丛草、一个盆花、一个花坛、一处花境、一片花海……都会打动人们的心。而多种植物的组合，因花器、花坛、花境、花田、花海的不同形式，呈现出从细节之美到以规模取胜的群落之美。

　　种植花卉植物使用的花器品种繁多，就材质而言，往往有金属、土陶、塑胶、木头、石头等的不同，而花器的样式和大小也不一而足。

金秋时节，成都某小区的银杏林，单一树种营造的氛围让人身心融入其中，达到物我两忘的境界　关心　摄影

2019年春天首届西湖花园节上的钢琴造型花器　黄燕子　摄影

日本北海道富良野四季彩之丘，占地七公顷，由薰衣草、波斯菊、羽扇豆、醉蝶花等多种花卉植物组成　尹曦萌　摄影

花坛

花坛，指在任意形状为轮廓的种植床内，栽培各种草木，以呈现观赏植物的群落之美的一种形式。

一般花坛的中心植物高、四周低，内侧植物略高、外侧低，花草色彩互相映衬，形态整体协调。花坛的几何图案力求线条流畅，简洁明快。

容器花园

容器花园，指的是把花草栽种到一组容器里观赏的花园模式，有时候也指在一个较大容器里把不同的花草组合栽培的方式。

加拿大布查特花园里的花坛　*胡曦璇　摄影*

盆栽组合　*黄燕子　摄影*

花境

　　呈带状布置的成群种植的花草形式，叫花境，适合公园、绿地及路边。早期的花境，常常是草地周围一圈或建筑周围狭窄的一带花草。19世纪后期，英国园艺学家开始推崇自然式的花园，人们模拟自然中植物群落的形态构成，将宿根花卉以艺术的设计手法栽种到一起，形成植物群落，搭配时考虑植物的高矮、色彩及花期的不同，既表现植物个体所特有的自然之美，更注重不同植物组合在一起的群落之美。花境的优势在于，既可充分利用小环境中的边角、条带地段，也可在大花园里设计多处花境，不仅景观效果优美，而且还具备分隔空间、组织人们游览花园的路线导向功能。

加拿大的布查特花园，是布查特家族的私家花园，由一个废弃的石灰岩采石场打造而成。布查特花园在规划中十分注重花园成长的科学理念，运用不同植物的生长发育规律，与花园展示效果在时空上统一起来，真正做到了四季有景　胡曦璇　摄影

挪威奥斯陆维尔兰雕塑公园的一处对应式花境，在绿色背景中，紫色的藿香蓟和红色的四季海棠冷暖色互补平衡 刘俊 摄影

上海古猗园夏季的特色是赏荷，这个花境展现了荷叶之美，并以白鹤的动感塑像加入了中国传统文化的元素 黄燕子 摄影

上海植物园的一个单面观赏花境，只有一边有曲折的边缘线，另一边靠着绿篱背景墙。种植床呈坡状，由鲁冰花、花毛茛、蓝羊茅、针叶美女樱等植物混杂其中，呈过渡的半自然式种植设计。矮的花境种植床的边缘，多以低矮的植物镶边，而较高的种植床边缘，一般以石块、砖头、碎瓦、木条等砌成 黄燕子 摄影

前景中的花境，因为空间局限，设计成高低错落的一小丛，兼顾了植物的花色和叶色搭配
黄燕子 摄影

23

上海辰山植物园里的宿根花卉花境　黄燕子　摄影

加拿大布查特花园里的对应式花境　胡曦璇　摄影

花境内部的植物配置：
多个自然形状的斑块混
交，一个斑块里栽植同
一个品种

花境中常用的植物：
宿根花卉
球根花卉
观赏草
乔木和花灌木等

花境的配色搭配：
A. 单色系设计
B. 类似色设计
C. 补色设计
D. 多色设计

加拿大布查特花园里的林缘花境　章利民　摄影

花园的设计，的确有一些基本的规律可循。但最应该遵循的规律，是你这里的物候，如园艺专家蒙提·唐（Monty Don）所言："顺应四时节气而行，不要与之作对"。把你喜欢的某个著名花园完全复制过来，必然会失败，因为，你花园的四季跟别处不同。你要根据场地的具体情况来设计你的花园，就如上海辰山植物园的矿坑花园，利用矿坑造景，融入隐逸文化，形成了自己的特色。其实，即使你得到了跟别人的面积、朝向、地形地势、气候都完全相同的一块地，你依然可以在你的花园里，彰显你的喜好，实现你的需要。从某种意义上来说，打造花园的过程，也是你自我成长的过程。做一个有自己个性的花园，和做好独特的自己一样重要。

美国西雅图亚马逊总部温室里的立式花境　兰子礼　摄影

课后作业

请在下面这两项设计里表达你的心声吧！

1. 练手作业：在学校内自选一处地点设计一个花境。使用A3图纸，实景按比例缩小，注意你所选取的植物要在不同的季节各有看点（季相设计）。

2. 进阶作业：用A3图纸一张，设计"我的梦想花园"。

上海梦花源的芳香植物花境　黄燕子　摄影

第五课　把山水草木请回家

本课学习目标：

1. 体会东方园林中的山水意象之美；

2. 能部分读懂我们身边的园林中所蕴含的人文精神；

3. 制作一个桌面枯山水庭院作品，通过正念冥想觉察自我心理状态。

　　远古时期，人类的祖先对大自然充满敬畏之心，对山山水水产生了纯朴的自然崇拜，这就是最初的山川祭祀。随着人类文明的发展，这种对自然的崇拜逐渐演变为对天地的崇拜，人类便在特定的日子里祭祀天地。后来，祭祀天地演变为皇帝和宗教的特权。我国古代帝王受地域约束多登泰山祭拜，其实我国名山众多，其中峨眉山、五台山、九华山、普陀山为四大佛教名山，青城山、武当山、齐云山、龙虎山等则为道教名山。

　　山川河流不仅孕育了不同的人类文明，满足了人类的生存、发展以及审美等多种需求，还成为如今的旅游胜地。走遍万水千山，是很多人的梦想。"读万卷书，行万里路"，这种历代文人最理想的生活方式，使人在时间有限的生命历程中最大限度地丰富自己的内心世界。《徐霞客游记》描绘了祖国大好河山的风景资源，记录了作者对山水的探索和热爱。文人墨客走出去游历山水间，并以诗词、绘画和造园等方式，将山水草木请回家。中国历代山水诗大放异彩，李白游历众多名山，杜甫的山水诗《望岳》成为千古绝唱。而历代中国山水画，则属采山川之灵气，显文人之精神的写意派绘画艺术。

江南园林里的亭廊　黄燕子　摄影

上海古猗园　黄燕子　摄影

世界园林艺术三大体系是指欧洲园林、西亚园林和中国园林。我国幅员辽阔，各地气候特点各不相同，几千年来形成了风格各异的四大园林：

1. 北方园林，是包括北京、山东、山西、河南、陕西等地的园林风格的统称，其中最精华的部分是北京地区的皇家园林，不仅建造精良，而且规模宏大，如颐和园和承德避暑山庄。

2. 江南园林，作为住宅的延伸部分，面积有限，以"小中见大""以一当十""借景对景"等造园手法，留下众多精妙佳作，如苏州留园和拙政园、南京瞻园、无锡寄畅园、上海豫园、扬州个园等，都是江南古典园林的典范。

3. 岭南园林，小巧精美，有西方园艺的部分元素，如，东莞可园、顺德清辉园、佛山梁园和番禺余荫山房，都是岭南园林之精华。

4. 蜀中园林，古朴淳厚，注重文化内涵的积淀，如：成都的杜甫草堂、武侯祠、眉山的三苏祠、邛崃的文君井、江油的太白故里等不仅古风犹存，有的还将田园风光融入其中。犹如"凝固的诗、立体的画"，中国的山水园林艺术追求意境之美。古典园林商朝时为真山真水阶段，之后不是对真山水的模仿，就是对山水画的模仿。造园艺术家大多是诗人、书画家，抑或是有文化的商人、退隐的官员等，他们在对山山水水的观察和体验中，产生了天人合一的思想和亲近大自然的情感，通过对草木、假山石、建筑、水池等元素的运用，塑造出来的园林景观就如他们的诗歌绘画作品一样，表达了作者与自然融为一体的艺术境界。

中国造园艺术的最高境界，是要将人工打造的假山、水塘、沟渠、花圃等表现得像天然的山水景色，体现出"天人合一"的哲学思想。正如刘勰在《文心雕龙》中提到："登山则情满于山，观海则意溢于海。"人们在园林中营造山水，于是，园子里的山水意象，成了人们深爱大自然的一剂解药，对心灵有疗愈的作用。

承德避暑山庄，借山造势，巧用地形，享有"中国地理形貌之缩影"的美誉　黄燕子　摄影

上海豫园的大假山　黄燕子　摄影

约3米高的玉玲珑，位于上海豫园，具有太湖石的漏、瘦、皱、透之美　黄燕子　摄影

高2.6米的绉云峰，位于杭州西湖曲院风荷内，形同云立风骨毕现　华林水　摄影

江南园林，假山和池沼是花园中最为重要的元素，两者往往相生相伴，形影不离。假山并非简单堆砌石头，比如上海豫园的大假山，是明代叠山艺术家张南阳的杰出作品，山石层峦叠嶂，草木葱茏，前有池塘，身处其间，仿佛不是置身平均海拔只有4米的上海，而是深处大自然的山水之间。

江南三大名石：

上海豫园的"玉玲珑"、苏州的"瑞云峰"、杭州的"绉云峰"。

日本足立美术馆的枯山水庭园，被誉为日本最美庭院　李树华　摄影

日式园林深受中国园林影响，也属于自然山水园，以"一池三山"的模式造园，主要以水体、假山、植物、小品为主要元素。日式园林和中国的江南园林一样，因环境的限制，便专注于将自然微缩于方寸之间，并将主人的情怀融入其中，追求细节的精致。但后来日本园林受到禅宗的影响，在写意的道路上走到了极致，出现"枯山水"平庭，以纹路清晰的砂石象征水面，以叠放有致的石头象征山，象征岛屿，从而极端地抽象表达山与水的关系。以光滑、敦实、简洁的石头为美，园子里加入苔藓、草坪或其他自然元素，整个庭院象征宇宙。

日本园林推崇侘寂［chà jì］的美感，"侘"的意思是外在简朴而内涵优雅，"寂"表达时光易逝，万物无常。侘寂两者结合在一起，表达接纳世间万物的不完美，追求俭朴和安静的人生哲理。

日本北海道一酒店庭院，青苔和白砂构成最简约的山水之美
谢吉标　摄影

日本京都的龙安寺庭园，具抽象山水之美　高昊　摄影

活动：制作迷你枯山水禅宗庭院

材料、工具：

沙盘：盛装沙的器皿。

白沙：既是沙也是水。

木耙：可在沙上划拨纹路。

石头和极简园艺小品。

工具展示：一耙一偶一苔藓　张艳　摄影

材料展示：一沙一石一世界　张艳　摄影

象征意义

白沙：水的奔流不止。

白沙曲线：河流、海洋的波涛，或云雾。

白沙直线：大海、江河、湖泊的平静水面。

石头：大山、岛屿。

创作步骤

第一步：触摸沙石，体验石头意象。

老师提供的盒子里装有形状、大小、颜色各异的石头，挑选你心仪的石头。以视、听、触、嗅的方式去静静感受石头。

【流沙】手捧白沙，由高处缓缓流向低处，仿佛时光从指间流走。

【平沙】平整沙盘，将万千涟漪归于平静。

【赏石】挑选心仪之石，以掌心感受它的温度，以眼睛发现它的沧桑；它带着阳光的味道和风的声音，沉淀至今。

【选小件】挑选小偶和苔藓球。

作品创作：摆放玩偶　张艳　摄影　　　　　作品创作：耙出纹路　张艳　摄影

第二步：制作枯山水庭院作品。

同学们在静默中使用自己选择的道具完成一幅枯山水作品。

1.用手或者沙耙自由创作纹路；

2.将石头摆放在合适的位置；

3.摆入一两件园艺小偶。

【布局】跟随自己的心意，将石头、苔藓和小偶置于沙盘中，以木耙为笔，绘出心中世界。

【冥想】凝神冥想，呼吸吐纳之间沉淀自我。

扫码听张艳老
师冥想指导语

吸气
暗示自我，吸
入所需能量

屏气
体会力量

屏气
感受放松

呼气
感受身体下
沉，暗示自我
吸入所需能量

第三步：成果分享。

1.为自己的作品命名，思考这幅枯山水的作品蕴含了一个怎样的故事；

2.欣赏自己和他人的枯山水作品，感悟方寸之间的大千世界；

3.倾听他人制作的感受和故事，走进枯山水庭院制作者的内心世界；

4.讲述自己制作的感受和故事，认识自己内心的世界；

5.收纳使用的材料，万物皆有其归宿，将各物品归置原处，静待下一次相遇。

轻舟已过万重山　张艳　摄影　　　　　　归园田居　张艳　摄影

第六课　草木养心故事会

本课学习目标：

1. 倾听老师和同学讲述草木养心的故事；
2. 讲述一个你和园艺的故事。

　　人们通过栽培花草树木，欣赏花园或自然环境，从事与植物相关的各种活动而达到纾解压力、提升心理健康水平的这种方法，就是园艺疗法。国外很多卫生医疗机构把园艺疗法作为病人的一种辅助治疗手段，能改善情绪、减轻疼痛，对病人的康复效果显著。园艺疗法不仅适用于有身心障碍的老人、儿童、妇女等人群，对于我们这些普通人来说，园艺疗法也有显著的疗愈作用，能够缓解工作、学业和生活压力，提升人的审美情趣，通过激发人的积极情绪，使人们更具生命活力。

　　我们上草木养心课，到植物园欣赏美丽的樱花，去公园看秋叶，这些美丽的景致能够舒缓紧张焦虑的情绪，让心情变得轻松平和。我们静心栽培花卉植物，当花儿在花盆里盛开，也是在我们的心里绽放。亲手栽培植物的过程，疗愈着远离大自然的城里人，滋养着人们的心灵。在园艺活动中人们感受到的积极作用，正是园艺疗法所起的疗效，人间草木，皆能养心。我们来听听老师和同学讲述草木养心的故事，你也来讲讲自己在园艺活动中的故事吧！

黄燕子　摄影

初二的杨远至同学参加整土活动后说：我体会最深的是在菜园挖土的那节课。那是一个有着温暖阳光的下午，我们小组同学领了工具，来到一块菊芋收割后的空地上翻土。我们的任务除了翻地，还要清除地里的杂草，翻找没有被挖干净的菊芋块根（这项活动被我们戏称为"挖宝"）。一节课不停地挖土锄草，是件体力活，让我出了不少汗水，消耗了我多余的精力，我这段时间以来积压的不满、恼火、担忧都得以宣泄，让我有一种如释重负的轻松感觉。在"挖宝"的时候有一种特别的期待和兴奋，每当我挖到一块菊芋的时候，那种惊喜之情和收获后的满足感让我特别开心。最后我们小组顺利完成任务，自豪感油然而生！

整土活动 黄燕子 摄影

心理点评：在有趣的挖土过程中，学生专注于活动本身，身体得到锻炼，出汗后，焦虑、烦闷等压力随汗水排出体外，因此对缓解紧张情绪十分有效。拔除杂草这项活动，隐喻人们清除自身那些想要抛弃的缺点，会产生一种对自己满意的感觉。不时能够挖到宝贝，所带来的惊喜和兴奋，使这一活动变得生动有趣，这样的愉快体验又强化了对自己的良好感觉，所以，这项活动的养心指数很高。

深秋，同学们在植物园的槭树下捡翅果 黄燕子 摄影

我水培了一棵蓝色和一棵紫色风信子，小心放置在玻璃瓶口，每日观察风信子的长势，每周换水，终于等来了花开的时刻，紫色的小花一朵朵开了，在阳光下，玻璃瓶折射出七彩的光，映在水盈盈的花瓣上，心里大一阵激动，我的风信子开花啦！

几天过去，紫的风信子凋零，我心里大微微有些失落，就像那枯萎的小花瓣，但似欣慰的是，蓝色风信子似乎苏醒过来，小花苞已见雏形，整个植株充满生机，再过几天，当蓝色风信子终于绽放的时候，紫风信子再次开花了虽然不及第一场花那么艳丽，但也是水嫩嫩的。蓝色风信子不及紫的风信子娇媚，却有一种别样的优雅和幽静，让人感到通透的清爽。

小蓝&小紫

这样的感觉真好——

虽说花儿已凋谢，但那一朝花开的感动，却一直留在我心间。养一株花草跟平时对待一本书，一个布娃娃是全然不同的，因为它有生命，需要我不断关心着它，惦念着水是不是少了？光照够吗？每一盆植物，就是每一份责任。在对待植物的时候，动作总是轻柔缓慢的，心也是不波动的，安安静静的氛围，使整个人都慢下来，不再是平日里火急火燎的模样，回到生命最初的本真。

华育中学
21602 韩咏晨

初一韩咏晨同学的栽培记录

心理点评：当人们对植物全神贯注时，人的生命会受到植物生命力的感染，产生一种充实而平和的感觉。花朵盛开，是植物生命历程中最重要也是最美丽的时刻，最能打动人心。亲手栽培植物，并一直关注它的成长和变化，能让人不知不觉中得到疗愈，提升人的精神状态。

34

园艺作家玛格丽特-颜说:"去欧洲旅行,总是会被大街小巷里各种鲜花盛开的窗台所打动。走在灰暗狭小的小镇街道上,周围满是斑驳的石墙,老旧的窗台,可是放眼看到这一簇簇的灿烂,忧郁便立刻被赶走,心情也随着花儿的色彩变得鲜艳起来。鲜花盛开的地方,总是会带来美好。记得看过一篇文章,二战后一片废墟中的德国,军事上的溃败,物质上的匮乏,亲人的逝去,到处充斥着死寂和绝望的气息。当时一位美国记者接到一项采访任务,要采访的家庭生活在废墟中的地下室里,她心里惴惴不安,不知道将会面对什么样的场景,没想好该用怎样的语言来安慰无助和悲伤的人们。然而,当她穿过废墟走进地下室,首先映入眼帘的是餐桌上的一束鲜花,插在一个简易的瓶子里。记者心里立刻有了答案:在这样的条件下生活,还有心情欣赏鲜花的美好的事物,他们的内心一定是充满希望和平静,也是坚韧和淡定的,任何苦难都不会击垮他们。"

花园一角　玛格丽特-颜　摄影

心理点评:当人们遭遇艰难困苦的时候,能在餐桌上放一束鲜花,可见主人内心世界的强大和高贵,美好如花的陪伴和激励,能帮助我们度过漫漫黑夜。

不论何时,不要放弃对美好事物的欣赏。

花瓶里的月季　玛格丽特-颜　摄影

这位名叫蒙提·唐（Monty Don）的英国男子，在他25岁那年双亲去世，还有两个妹妹死于车祸。失去至亲的悲伤还郁结在心，他和妻子的生意又破产，更要命的是，他患上了重度抑郁症。当债务还清后，他变得一贫如洗。失去亲人、公司破产、抑郁症，使他对生活没有了信心，看不到希望。绝望之下，他和妻子来到乡下一处颓败老屋里住下，只想就这样了此残生。乡下住了一段时间后，在妻子的陪伴和鼓励下，他强打精神开始清理破败小院的垃圾，除去荒草。没想到在清理院落的过程中，他的状态开始变好，越来越有行动力，他开始将全部的精力放在打造花园上。当花园里的花草越来越美时，他已然在园艺活动的过程中治好了自己的抑郁症，他的生活变得更加丰盛。后来他成为一名专业的园艺作家，是英国BBC的《园艺世界》节目主持人，这档节目让他不仅在英国家喻户晓，全世界各地都有他的追随者。他在自己的著作《园艺智慧》里写道："生命很短暂、荒谬，也充满了痛苦与悔恨，但即使是面对这些苦难时，园艺也能让你感觉到阳光与欢乐。不可否认花园有治愈能力。当你沮丧时，花园会宽慰你；当你感觉被羞辱或者被打击时，花园会给你安慰；当你感到孤独时，它会永远陪伴着你；当你感到疲倦时，花园会使你重新振作。"

蒙提·唐的著作《园艺智慧》 黄燕子 摄影

心理点评：的确，侍弄花草树木能养心。接触土壤和有生命的美丽植物，能让我们在忙碌的生活中感受平静和喜悦。虽然我们可能不能像蒙提那样拥有一座大花园，但哪怕是一个窗台，一个花盆，一朵花，也是我们内心的花园世界，一样能够滋养我们远离自然的心灵。

佳佳和牵牛花

心理老师黄燕讲了这样一个故事：初二的佳佳（化名）幼年丧母，她跟着爸爸和奶奶生活。同学嫌弃她不讲卫生，她话虽不多，但每次跟人说话缺乏分寸，不太注意别人的感受，有点得过且过的懒散和颓废。在班级没有朋友，每次春游分组都是问题，往往要到最后由老师出面帮她找一个小组来接受她。佳佳来到草木养心班上课后，很喜欢观察植物。每天一有空她就往花房跑，和老师经常在花房碰面，但依然不太多说话。一天早上她跟老师一起看晨曦中的牵牛花，老师告诉她这美丽的花朵又叫"朝颜"，清晨开花，到中午就会慢慢凋谢。听到这里，她整个人呆在那里不语，几分钟后当老师停下手里的活儿，抬头看到她已是泪流满面。她说，妈妈的生命也如这美丽的花朵一样短暂。她开始跟老师讲她去世的妈妈，讲述中哭哭笑笑，她想念妈妈了。后来老师送了一小包牵牛花的种子给她带回家去种在阳台上。过了些日子，当她亲手栽种的牵牛花开出第一朵美丽的喇叭花的时候，她若有所

玛格丽特-颜　摄影

思地对老师说，她就是妈妈生命的种子，她会好好照顾自己，要好好活着，替妈妈活出精彩。你看，是牵牛花在启发和影响佳佳，这就是园艺疗法的作用。

讲述：我和植物的故事

我们人类原本就是大自然的一部分。远离自然，住在钢筋水泥的城市里时间久了，很容易出现焦虑、抑郁等情绪问题。当我们栽培植物，当我们走进花园，我们的生命跟植物的生命相通，我们变得平和了，焦躁不安的心找到了归宿。

请你讲讲在园艺活动中，你和植物的故事。

第七课　植物的叶

本课学习目标：

1. 观察形态各异的植物叶子；
2. 找到自己最喜爱的叶子，并按照活动要求画好之后与同学分享感受；
3. 思考自己的独特性。

黄燕子　摄影

火焰南天竹叶色丰富　黄燕子　摄影　　　　王莲，叶片直径可达2.5米　黄燕子　摄影

　　所有的高等植物都有叶子，叶子是植物的重要营养器官，帮助植物进行光合作用和蒸腾作用。

　　叶子的颜色丰富多彩。春夏时节大多数叶子呈现出深浅不一的绿色，因为这个阶段，叶子里的叶绿素显著多于叶黄素、胡萝卜素的含量。也有少部分植物不同，如左上图的火焰南天竹，因光照和气温变化而呈现出不同的色彩。

　　世界上的植物种类超过50万种，植物品种如此繁多，其叶片不论是形状、大小，还是颜色和质感等方面都有所不同。就算是相同植物，也很难找到两片一模一样的叶子。叶子大小差异显著，小的如高山植物的针叶不足1平方毫米，大的如丛林棕榈的叶子超过1平方米。过去我们认为，叶子的大小受限于植物可获取的水分，同时还需要权衡植物过热的风险。然而，最近一项以世界范围内7 000多种植物为调查对象的研究表明，叶子大小各异的原因十分复杂，科学家还在进一步的研究中。

高达2—3米的芭蕉叶，是夏季的一片清凉，有清热、解毒的功效　黄燕子　摄影　　　　为了适应恶劣的生存环境，仙人球和仙人掌的叶子演化成各种形状的刺，茎部则变得肥厚而多汁，以更好地储存水分　黄燕子　摄影

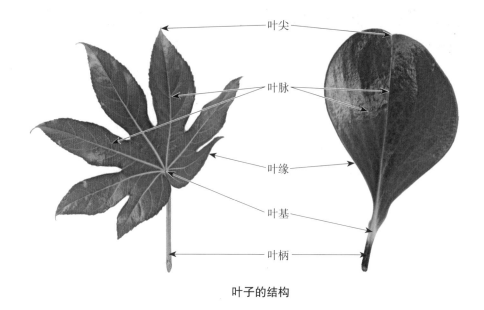

叶尖

叶脉

叶缘

叶基

叶柄

叶子的结构

　　复杂多样的生存环境造就了植物叶片的独特性，我们在欣赏叶片的独特美丽时，仿佛看到了它们在几亿年进化史上的坚持与灵活变化。

活动：最爱的叶子

　　1. 采摘叶子。

　　去校园里捡拾或摘取5片叶子回来，这些叶子一定是你喜爱的，并且每片叶子要比你的掌心小哦。

　　2. 认识叶子。

　　将你采摘的叶子摆放在自己的桌面上，仔细看看这些叶子的颜色、形状、纹路。你能说出这是什么植物的叶子吗？接下来请离开自己的座位，去看看同学们采摘的叶子有什么不同。

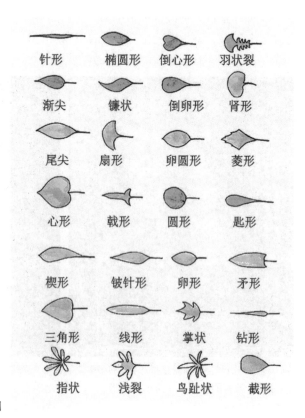

针形	椭圆形	倒心形	羽状裂
渐尖	镰状	倒卵形	肾形
尾尖	扇形	卵圆形	菱形
心形	戟形	圆形	匙形
楔形	铍针形	卵形	矛形
三角形	线形	掌状	钻形
指状	浅裂	鸟趾状	截形

叶子的形状　朱定亚绘制

3. 描画叶子。

从5片叶子中选出你最喜欢的那一片，仔细观察它的正反面，闭上眼睛轻轻摸一摸，再放到鼻子底下闻一闻它的味道。请在一张白纸上按照以下步骤描画出它的模样。

第一步：请你把一只手平放在白纸上，另外一只手握住笔，笔尖紧贴着放在纸上的这只手的边沿，缓慢平稳地画出手部轮廓线；

第二步：把你最喜欢的一片叶子画在手的掌心部位；

第三步：把这片叶子的图案画满整只手其余的空间（这意味着你可以画这片叶子的多个大大小小的图案）。在画的过程中，注意觉察自己的内在感受。

4. 分享活动感受。

小组交流：起身去看看其他同学画的图案，说一说你为什么最喜爱这片叶子，以及你在绘画过程中的感受。

5. 思考。

不同植物的叶子具有不同的特征，我们每个人也都有自己的特点。

你的特点是什么呢？

6. 后续活动。

请将你今天采集的5片叶子夹在一本不常用的厚书里，回家后将这本书放在一叠书的底下压住，为以后制作压花作品做准备。你也可以使用专门的压花板压制更多的叶子和花瓣。

你也可以在叶子上均匀地涂抹颜料，然后将叶子拓印在你的手账本里，或用专门的白纸本来拓印你喜欢的各种叶子图案。

你还可以将叶片在加了叶脉书签专用钠的沸水中煮15—30分钟后，放到清水里浸泡，再用旧牙刷轻轻刷掉叶肉，美丽的叶脉书签便做成了，可夹在书里存放多年而不腐烂。

观叶植物的养护

观叶植物，因叶片的颜色、形状和质感等方面极具观赏价值，而深受人们的喜爱。由于多数观叶植物对光照的需求较低，很适合在室内养护，能净化室内空气，有利于身体健康。研究发现，有生命气息的植物还会让居住其间的人们更有生命活力，心理状态更好。

温度：不同种类观叶植物耐寒性不同，比如矾根在-15℃还能生长。但大部分观叶植物温度在15℃至30℃最适宜。

光照：除了香菇草、碰碰香、龙舌兰等非常喜欢阳光的品类，大部分观叶植物更喜欢没有强烈阳光的环境，还有一些观叶植物耐荫性很强，长期宅在家里也行，如龟背竹、虎皮兰等。

水肥：正常浇水，环境的湿度大一些它们生长会更好。施肥以氮肥为主。

原产美洲热带地区的金边龙舌兰，是石蒜科多年生常绿大型草本植物，喜欢阳光充足且温暖干燥的环境　黄燕子　摄影

爬山虎（五叶地锦）
玛格丽特-颜　摄影

彩叶草　玛格丽特-颜　摄影

金冠柏　黄燕子　摄影

金钻蔓绿绒　黄燕子　摄影　香菇草（又名铜钱草）　黄燕子　摄影

第八课　秋季赏叶

本课学习目标：

1. 在秋天的树林里尽情感受季节之美；
2. 捡拾槭树的翅果，玩种子飞翔；
3. 捡拾落叶，为压花做准备；
4. 学习使用落叶等材料制作有机肥。

植物园的秋色醉了，恰同学少年　黄燕子　摄影

43

叶子颜色的秘密

一到秋天，那些冬季落叶的树木，树叶的颜色为什么和春夏的不同呢？

树叶颜色变化，和叶子包含的天然色素有关。绿色的叶绿素，橙色的胡萝卜素，黄色的叶黄素，还有遇酸会变红、遇碱会变绿的花青素等，都包含在树叶的细胞中。因为环境不同、季节不同、植物品种不同，树叶中色素的含量和比例也会不同，于是便会呈现出不同的颜色。叶绿素在大多数的树叶中含量最高，占了80%左右，所以我们看到的树叶以绿色的居多。

秋天的落羽杉叶片从绿变到黄经历了很长一段时间，直到冬季来临，羽毛般的树叶飘落到水里，飘落到地上。树下的落叶厚如地毯，慢慢腐烂，为来年树木的生长提供丰富的养分　黄燕子　摄影

春夏是树木的主要生长季，此时树叶中的叶绿素通过吸收太阳光中的红光和蓝光的能量进行光合作用，叶片呈现绿色。

随着秋天的到来，日照时间变短，植物光合作用减少，树木开始把营养向树干和树根输送，这时候叶绿素发生降解，叶黄素和胡萝卜素含量超过叶绿素，叶片便会渐渐呈现绿—黄—橙—红的变化。温度和光照的变化会诱导花青素的合成，这就是为什么有的树叶在秋季变成红叶，格外绚丽。树叶变色与温度、湿度、土壤以及酸碱值都有关系，其中，光照因素是最主要的。秋天的光照远远少于夏天的光照，所以树叶会从绿色变成黄色等不同的颜色。

其实常绿的树木，因新陈代谢的需求，叶子也有脱落的时候。春天，香樟树下有很多色彩斑斓的落叶，你注意到了吗？

春天落羽杉的新叶　黄燕子　摄影　　**冬季落羽杉的果实**　黄燕子　摄影　　**深秋的落羽杉**　黄燕子　摄影

无患子　黄燕子　摄影

乌桕　黄燕子　摄影

二球悬铃木和银杏　黄燕子　摄影

请同学们拿出自己的节气钟，看看这秋高气爽的日子，到了什么时节呢？

今天，我们跟随老师的脚步，到植物园看看哪些落叶植物的叶子在悄然变色。

随着气温下降，叶子变色的落叶植物品种，除了爬藤的地锦，主要是一些灌木和乔木，比如：银杏、梧桐、乌桕、重阳木、枫香、丝棉木、樱花树、臭辣树、鹅掌楸、山麻杆、卫矛、无患子树、栾树、柿树、黄连木、金丝桃、蜡梅和各种槭树等。这个季节，红的、黄的果子也给花园增添了浓浓的秋意。

夕阳里朴树的黄叶和蒲苇的白花
黄燕子　摄影

鸡爪槭的颜色在慢慢变化　李树华　摄影

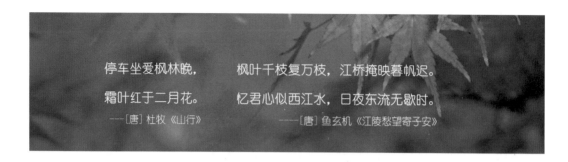

停车坐爱枫林晚，　　枫叶千枝复万枝，江桥掩映暮帆迟。

霜叶红于二月花。　　忆君心似西江水，日夜东流无歇时。

　　　——[唐]杜牧《山行》　　　　——[唐]鱼玄机《江陵愁望寄子安》

　　我国古代诗人描述秋色的诗句多提到枫叶，据考证，大多数诗人写的其实是槭树。严格来说，槭树和枫树是不同的。槭树的叶片对生，果实形如鸟儿的翅膀，而枫香的叶片交互生长于枝条上，果实状如带刺的圆球。

　　槭树的果实，被包裹在状如蜻蜓的翅膀里，能随风平稳飞行，我们一般称这样的果实为翅果，又名翼果。拥有翅果的植物是典型的风媒植物，秋风起时，成熟的果实纷纷飞落，树林里煞是好看。每一枚翻飞的翅果携带着母树的生命信息，去寻找合适的地方生根发芽。

活动：让翅果飞吧！

　　捡拾一小把干的翅果，找一片空地（便于捡起来重复玩），用力往上抛，观察它们落下来的样子。大自然有着完美的设计，这翅果简直就是经过高精密度空气动力学测算的产物，飞行起来美丽极了！科学家通过研究翅果来提升飞行器的功能。

羽毛槭的翅果　黄燕子　摄影

思考题

你理想的种子是什么？需要装上怎样的翅膀才能让你的理想飞抵目的地呢？

樟叶槭的翅果　黄燕子　摄影

枫香树的果实如刺球　黄燕子　摄影

世界上77%的槭树科植物都在中国。英国皇家植物园里的槭树中，近50种从我国引进。红叶槭树在日本的秋色中成为最夺目的明星。北美洲分布着全世界含糖量最高的糖槭，加拿大每年隆重举办"槭树节"。深秋，上海植物园西南角的槭树煞是好看，有红色、黄色、绿色以及多层次的过渡色。有的槭树春天红艳，如红槭；有的全年红艳，如红枫。秋天叶色变黄的有元宝槭、梓叶槭、青榨槭等，叶色变红的品种主要是鸡爪槭、三花槭、三角枫、五裂槭、五角枫、秀丽槭和关东槭等。槭树单叶的形状有三裂、五裂、七裂甚至多至十三裂，复叶的羽毛槭远看如红色雾气飘荡在树林里，近看叶形十分优美。

鸡爪槭 黄燕子 摄影

色叶植物的美丽让我们每个季节都能享受到不同的视觉盛宴。小区、校园里和路边的植物变化在提醒我们季节的变化，流逝的时间原本无声无息，但植物的变化却透露了它匆匆的脚步一去不复返。周末和节假日，我们可以和家人一起去公园，去更远一些的山坡上、湖水边漫步，感受慢生活，感受天伦之乐，感受这秋高气爽的美好时光。

上海周边赏秋地图

请在上海周边赏秋地图上标出你的足迹

春季的槭树叶色也很丰富 黄燕子 摄影

头脑风 ：我们捡拾的秋叶有哪些用途？

1. 欣赏叶子的美丽
2. 制作落叶堆肥
3. 制作叶子拓印画
4. 制作压花作品（可参考第20课的手作）
5. 制作叶脉书签
……

捡拾的秋叶 黄燕子 摄影

堆肥制作

花草生长茂盛，需要很多肥料。市场出售的化肥虽然使用起来方便，短期就能见效，但是不利于环境保护，土壤很容易变得板结。是不是没有一个大农场，我们就不能自己制作有机肥了呢？不是！其实人们每天产生的大多数生活垃圾，便是制作有机肥的最佳原料。比如，厨房里的菜叶果皮，菜场的腐烂菜叶和鱼肠，咖啡厅里的咖啡渣，学校食堂的厨余垃圾（不包括有盐有油的剩菜），还有秋天大量的落叶……

咖啡渣制作的有机肥　黄燕子　摄影

自己制作有机肥会很臭吗？不会！只要方法得当，是不会有臭味的。

第一步

准备以下设备和材料：
堆肥容器：一个大的花盆（含花盆托），或者购买专门的堆肥桶；
加速有机物分解的EM菌等发酵菌（需要购买）；
原料：水果皮、丢弃的菜皮、茶叶渣、豆渣、咖啡渣、用过的旧土、落叶等。

第二步

为加速堆肥过程，把所有的原料变得尽可能细碎，比如一些大块的菜皮、果皮、枯枝等剪成5厘米以内的碎块，并混入EM菌等发酵菌，搅拌均匀。

第三步

像制作三明治那样来制作堆肥：将花盆底部洞口垫好瓦片或丝网（堆肥桶则不必）。先放入一层薄薄的土，再铺一层厚些的已经混入了发酵菌的细碎菜皮、落叶、菜叶等，再放一层泥土，依此类推，一层层直到装满容器。最上面一层为泥土，每一层都压实，排出缝隙中的气体。

第四步

浇透水之后将堆肥的花盆放置在温暖、避雨的地方，花盆底部垫上托盘（方便接住渗出液），花盆口覆保鲜膜，并用牙签扎几个洞，保湿的同时又可进行气体交换。若是专用堆肥桶只需要把盖子关闭。

第五步

每周搅拌一次堆料，这样更有利于发酵；如果堆料过干，可以添加些清水。

第六步

大约两周以后，盆底可能有液体渗出，这是液肥，有一股发酵菌的香味，可兑水200倍稀释后直接用来浇花。堆肥桶下部的水龙头可直接拧开接渗出液。
堆肥制成时间：冬季3个月左右，夏季1个月左右。

堆肥桶里用咖啡渣制作的堆肥　黄燕子　摄影

第九课 守护一朵花
——家庭园艺养护指南

本课学习目标：

1. 掌握家庭园艺日常养护中翻盆、用土、修剪、浇水等环节的操作要领；
2. 在照料植物的过程中，感受植物的生命力；
3. 思考该如何照顾好自己的合理需求。

情景讨论

　　初一的女生子涵，脸色有些苍白，最近一年来，经常不明原因的头疼，胃部不适。爸爸带她去医院看过几次，检查下来，身体并没有什么问题，医生建议她看心理科，认为她主要是心理压力太大。子涵在小学阶段是学校出了名的学霸，又是大队委员，那时候的她就是家长口中的"别人家的孩子"。可是小学毕业后来到这所全市知名的初中，她感觉自己跟不上，很是焦虑。她每天学到夜里12点才睡觉，第二天课堂上疲倦得想睡一会儿，却不敢稍有懈怠，强打精神听课。即便如此努力，她依然达不到自己设定的学习目标。当她看到身边一个个同学不是考试成绩好就是竞赛拿奖，或在体育和文艺等方面有突出表现，她就为自己的平庸而羞愧，感到越来越失落，于是花更多的时间在学业上，连交朋友都没有空，周末也不舍得花时间去休闲娱乐一下。每天这样奋力学习，却只能达到班级平均分，她觉得自己快要崩溃了。

　　请你说说：

1. 子涵的哪些需求没有得到满足导致她感觉越来越差呢？
2. 我们中学生有哪些需求应该得到满足？讨论后记录在下页的圆圈里。

如果你爱上了
某个星球的一朵花
那么
只要在夜晚仰望星空
就会觉得漫天的繁星
像一朵朵盛开的花

——安东尼·德·圣-埃克苏佩里《小王子》

马斯洛需求层次理论

⑥ 自我超越需求
⑤ 自我实现需求
④ 尊严需求
③ 社会需求
② 安全需求
① 生存需求

需求得到满足的人，身心健康，适应能力强，遇到困难有勇气去面对，能学习会玩耍，活得有滋有味！而有的人因某些需求长期得不到满足，总处在负面情绪中，常常愁眉苦脸，身体总是不舒服，免疫力下降，特别容易生病，严重的甚至会死亡。

作为未成年人，我们有一些需求要靠父母来满足，但更多的要我们自己负责，这就意味着我们要学会照顾好自己，除了注意自己的安全，还要照顾好自己多方面的心理需求，而不单是学业的成就感，这样我们才会有一个多姿多彩的人生。

蒋勋先生说："过得像个人，才能看到美。"如果你在日常生活中看不到美，或许这是一个信号，提醒你需要调整自己的状态，让自己"过得像个人"。

回到园艺的话题，我们要想把花种好，需要了解自己所栽培的植物的需求。植物的需求得到了满足，就能健康生长，对病虫害有着天然的抵抗力，该开花的时候就会开得蓬蓬勃勃，能达到生命最好的状态。这一点其实跟我们人类是一样的。

那么，植物有哪些需求呢？讨论之后，请把答案写到下面的圆圈里。

我的需求　　　　　　　　　　植物的需求

许多爱花人士期待一个足够大的花园，来实现自己的花园梦想。但是在条件不具备的时候，我们依然可以享受种花种草的过程带给我们的乐趣。正如蒙提·唐所言："园艺的乐趣并无高低贵贱之分，最微小的花园可以和最宏大的花园一样，拥有物质和精神上的意义。"无论是别墅花园、屋顶空间，还是阳台或小小的窗台，哪怕只要有一个小小的花盆，你都能拥有一个奇妙的花园世界，这里会成为我们的珍爱。那么，住在普通公寓的人家可以怎样利用家里有限的空间来栽培一些可爱的植物呢？在家里栽培植物，先要清楚房子的朝向，在不同朝向的空间里，光照和湿度条件不同，适合栽培不同的品种。

如果你家有朝南的封闭式阳台，那就等于拥有一个温室，当室外天寒地冻的时候，在温暖的室内，你和五彩缤纷的花儿在一起，一杯茶，一本书，在吹不到寒风的阳台上晒太阳，非常惬意。

朝南的阳台和窗台上可以种一些长日照植物，比如：月季、仙客来、叶子花、满天星、碗莲、茑萝、长春花、睡莲、扶桑、茉莉、桂花、凌霄、凤仙花、彩叶草、天竺葵、栀子花、报春花、矮牵牛、菊花、迷迭香等，以及大部分多肉植物。

飘窗和阳台的花草摆放得不要过于拥挤，记得给自己留一个座位，坐在这里感受生活的美好。

花园一角　叶小狗　摄影

高楼里的阳台花园　黄燕子　摄影

51

朝东的阳台，上午阳光直射，下午转入阴凉，但并不阴暗，依然有散射光。可以选择一些日照量不足依然能生长的品种，比如：常春藤、蟹爪兰、一品红、矮牵牛、菊花、绣球花、君子兰、杜鹃等。

一、二年生的草花沐浴在上午的日光里　黄燕子　摄影

西晒的阳台：夏季从中午起到黄昏有4—6个小时阳光直射，比朝东的阳台更热，容易把植物晒伤；但冬季直射阳光少一些，很适合养护一些会开花植物。建议种植全日照或者耐高温日晒的植物，比如：茑萝、沙漠玫瑰、紫藤、扶桑花、金银花、牵牛花等。夏季可以把植物转移到半阴处或拉遮阴网。

朝北的阳台最不适合养护种植，这里阳光照射少，夏天虽有短日照，但冬天缺少阳光，还有西北方向吹来的冷风，只能种一些喜阴抗风的观叶植物。如：绿萝、红掌、龟背竹以及蕨类、椒草类、竹芋类等植物。

喜欢光照的沙漠玫瑰在朝西的阳台上绽放　黄燕子　摄影

光照少的飘窗　黄燕子　摄影

空气凤梨和老人须，依靠吸收空气中的水分就能生长，可以直接挂起来　黄燕子　摄影

弧形拱架上，有着更多的光照，藤蔓月季爬成一道美丽的风景，阳台的空间变得大了很多　梳子　摄影

如何有效利用空间？

　　居住在高楼的公寓房里，种花的空间十分有限，人们除了直接把花草摆放在阳台的地面和窗台上，还可充分利用桌面、墙面和支架。给心爱的植物搭个架子任其攀爬，多层的花架更能有效利用空间。

耐阴的观叶植物把这面墙变成了一幅画
黄燕子　摄影

用盛开的盆花和装饰画共同营造出一个美丽的角落
黄燕子　摄影

散尾葵耐阴性强，能去除空气中的甲醛等有害物质　黄燕子　摄影

吊兰能吸收空气中的有害物质，相当于室内空气的绿色净化器　黄燕子　摄影

有益和有毒的植物

　　我们在家里和教室里可以多种一些对净化空气有益的绿植，比如吊兰、常春藤、绿萝、文竹、仙人球、富贵竹、虎尾兰、白掌、铁线蕨、鹤望兰、散尾葵、橡皮树、琴叶榕等。

　　还有一些植物虽然也很美丽，但可能有毒，栽种时需谨慎。

　　跟我们人类不同，陆生植物不能随意移动，没法通过逃跑来避免被捕食者吃掉，于是就在漫长的演化过程中，在其组织中产生了一些有毒物质，以防被动物随意吃掉。蔬菜和粮食等可食植物已被人类在驯化过程中有意识地降低毒性，只要我们正确地食用，是没有危险的。而人类驯化园艺植物只是为了观赏，并没有降低其毒性，所以许多观赏植物都和它们的野生祖先一样带有毒性。

　　最主要的有毒类群有：大戟科植物中的变叶木、铁海棠、麒麟掌等；天南星科植物中的花叶万年青、海芋、马蹄莲、五彩芋等；石蒜科植物里的雪滴花、水仙、石蒜、朱顶红、文殊兰等。另外，洋地黄、秋水仙全株剧毒，风信子、嘉兰、铃兰、杜鹃花、绣球、夹竹桃、非洲霸王树、长春花以及乌羽玉类仙人球等都有毒性。还有一些会散发味道的植物，可能会令人不舒服，如豹纹花、大王花等，而百合、夜来香这些虽然闻起来很香的花卉，也可能让人产生不适反应，这些植物最好不要摆放在室内。

　　其实花园中很多植物都有一定毒性，一般食用后才会导致人体中毒，也有少数是接触汁液后中毒。所以，只要不随意碰触有毒植物，不乱吃，一般不会中毒。

花开不断的铁海棠　黄燕子　摄影

色彩绚丽的变叶木　黄燕子　摄影

黄燕子 摄影

盆器的选择

花盆的大小一般由植物的大小决定，一般小花配小盆，大花配大盆，除非人们有意控制某些植物的生长速度，才使用较小的花盆。

市场上的花盆种类繁多，有塑料盆、陶盆、瓷盆、石头盆等。塑料盆花色多，价格便宜，但透气性、透水性都较差，且易老化；由黏土制成的陶盆，价格适中，耐用，而且透气性强，是种花的最佳选择；瓷盆表面光洁却不透气，不利于植物生长；竹编的盆好看又透气，但寿命较短；木头和石头的花盆综合指数还不错，可以选择。

家庭园艺的日常养护

家庭园艺的日常养护，包括用土配方、施肥、翻盆、浇水、用药、修剪以及冬夏管理等方面。

翻盆

生长了1—2年的盆栽植物和刚买回来的盆栽，往往因花盆太小限制了根系的生长，盆中养分不够，这就像一个3岁的孩子不能再穿1岁时候的衣服一样，太小的衣服会限制他身体的生长，所以需要换大一些的花盆。换盆步骤如下：

请扫二维码，观看翻盆视频

1. 准备好植物的"新家"（要比原来的盆大1—2个号码），用瓦片或网格垫盖住花盆底部的出水孔，放入少量配制好的营养泥土；

2. 选择在需换盆植物的泥土较干时，弄松紧贴盆内壁处的泥土，后带土取出整个植株，不可硬拽，否则会伤着植物；

3. 如果植物根系已经布满整个土球，需轻轻弄碎土球，去除坏根和过于老的根，剪去横枝、弱枝、枯枝后，放入新盆，周围填满新土（为方便浇水，土的高度低于花盆2—5厘米）；

4. 对新买的根系不多的植株，直接放入新盆中，加泥土轻轻压实；

5. 浇定根水：用花洒浇透水（看到花盆底部有水漏出方为浇透），如果是多肉植物翻盆，一般可放置两天再浇水；

6. 将换好的新盆放在太阳直射不到的地方，待1—3周后度过服盆期，再逐步移至阳光充足处进行日常管理。

1859年11月达尔文的《物种起源》出版之后，达尔文和他的儿子弗朗西斯用20年的时间做了一系列至今还在影响植物研究的实验，其中就有植物的向光性实验。1880年达尔文父子用虉〔yì〕草做的实验，成功地向人们展示了植物的原始视觉。植物的向光性会让它的茎、叶、花朵向着太阳转动。因此摆放在窗台和阳台的植物，会偏向有阳光的一方。如果你不喜欢盆栽长偏，可每周转动一下花盆的方向。

植物的向光性使旱金莲朝着窗外生长

用土配方和施肥

虽然不同植物对土壤有不同的需求，但营养疏松、保水透气的土壤对大多数植物都是最好的选择。

自己配制营养土，常用的材料有：山泥、园土、腐叶土、泥炭土、锯木屑、厩〔jiù〕肥、砻〔lóng〕糠灰、河沙、塘泥、河泥、蛭石、骨粉、珍珠岩等等。

室内观叶植物的基质可按照珍珠岩、泥炭、树皮各1份来配制。开花植物和多肉植物需求的土壤不同，一定要根据所种植物的需求来配土，满足植物生长需要的多种营养元素。在植物生长的不同时期，还可略施肥料。在小苗生长期需要较多的氮肥，而钾肥对于促进植物的光合作用十分重要，能促使枝条健壮，磷肥影响植物的开花结果。我们在第8课学的制作有机肥，是改善土壤、增加肥力的最佳办法，胜过添加化学肥料。

修剪和打顶

修剪，就是用剪刀剪去植株的枝条、残花、病残叶片等，使植物的生长更加健康。比如花后的月季，要剪掉内向枝、病虫枝、徒长枝和衰老枝条，才能使月季尽快进入新一轮的生长期，一年中多次开花。不同的植物有不同的修剪方法。大多数植物都有顶端优势现象，通过打顶（又叫掐尖或摘心），去除顶端优势，可以促进分枝，增加枝叶量，植物就能多开花结果。下图是长春花的多次打顶，直到枝繁叶茂后花朵才多。

浇水

浇水要考虑诸多因素，如季节、天气、环境、花盆大小和材质、盆土疏松性、植物习性、植物的大小和生长阶段以及风力情况等。有的植物适合浸盆，有的需控水。一般情况下泥土干了才浇水，浇水要浇透。

用药

植物生病了，我们要先分清楚是病害还是虫害。大多病害为真菌感染所致，如白粉病、叶斑病、灰霉病、叶枯病、锈病、霜霉病等，可使用杀菌药。家庭园艺常见虫害有红蜘蛛、粉虱、蚜虫、蚧壳虫、蛴螬、蛞蝓、蜗牛、蓟马、青虫以及地下害虫等，可购买杀虫药。我们也可自制生物杀虫剂，比如苦楝子泡水可杀虫，用生姜、大蒜、辣椒等泡水喷杀，也有一定效果。

总之，你如果满足植物的需求，它就会长得很健壮，基本不会生病。人的需求得到了满足，往往身心健康，不太容易生病，是一样的道理。人同植物一样，有着自己的生命周期，总有死亡的那一天，这是生命的规律，我们只能接受。但我们可以拓展生命的内涵，在有限的生命中，活出意义，实现自我的价值！

第十课 球根花卉

本课学习目标：

1. 认识几种常见的球根花卉；
2. 理解植物的春化作用，并思考人类经历挫折的积极意义；
3. 从番红花、风信子、水仙花和郁金香中挑选两种球根花卉栽培。

球根花卉的分类

鳞茎类：朱顶红、郁金香、文殊兰、石蒜、水仙、风信子、百合等。
球茎类：番红花、唐菖蒲、小苍兰、球根鸢尾等。
块茎类：马蹄莲、晚香玉等。
块状茎类：仙客来、大岩桐、球根海棠等。
根茎类：美人蕉、铃兰、六出花、姜花等。
块根类：花毛茛、大丽花、蛇鞭菊等。

球根花卉的概念

球根花卉是指植株地下部分的茎或根呈球状或块状的多年生草本植物。比如郁金香、风信子、水仙花、番红花和百合等，都属于这种类型的植物。球根花卉因种类繁多、花色绚丽而广受人们喜爱。

红花石蒜，又名彼岸花。秋季开花，花朵凋谢后才长出叶子，花和叶不能相见　张明文　摄影

7月的百子莲　黄燕子　摄影　　　　4月的花贝母、银莲花、洋水仙等　章利民　摄影

想一想　可以依据什么来判断球根花卉属秋植型还是春植型呢？

由于原产地气候不同，球根花卉分为秋植球根花卉和春植球根花卉两个主要类型。

秋植球根花卉：秋冬栽种，春天开花。原生地位于地中海沿岸、美国加利福尼亚、非洲好望角和小亚细亚等地。由于这些地区夏季干旱不利于植物生长，但冬季雨水较多，因此秋天栽种下去后，植物在秋冬生长，春季开花，夏季休眠。这类球根花卉喜凉爽气候，较耐寒。如：仙客来、水仙、小苍兰、郁金香、欧洲银莲花、风信子、百合、马蹄莲、番红花、球根鸢尾、绵枣儿、花贝母、六出花、铃兰、葡萄风信子、花毛茛等。

春植球根花卉：春天栽种的球根花卉，原生地位于北半球温带地区、南非（除好望角）和墨西哥等地区。这些地区冬季干旱或寒冷，不利于生长，春季栽种后，在温度较高且有充沛雨水的夏季生长，大多夏秋季开花。如荷花、睡莲、百子莲、球根海棠、晚香玉、蛇鞭菊、大丽花、朱顶红、葱兰、火星花、大岩桐、文殊兰、唐菖蒲、美人蕉、石蒜等。

7月的火星花　黄燕子　摄影

春化作用

郁金香是春季花园里的主角 章利民 摄影

春化作用的含义

部分球根花卉要想开花结实，一定要经过一段时间的低温寒冷，这种现象叫作春化作用。春化作用的出现和休眠一样，也是植物应付恶劣环境的一种策略，因为植物在开花期是最脆弱的时候，如果不幸遇上低温，容易死亡，等待寒冬过去后再开花结实，能确保繁衍后代。植物的细胞记住了这种适应环境的策略，并一代代遗传下去，这就是细胞记忆的表观遗传机制。所以春化作用其实是植物长期演化出来的一种自我保护措施。

思考：只有人才有春化作用吗？

孟子曰："天将降大任于斯人也，必先苦其心志，劳其筋骨，饿其体肤，空乏其身，行拂乱其所为，所以动心忍性，曾益其所不能。"从心理学的角度看，这个受苦的过程能够让人积累经验和教训并不断成长，所以高尔基呼喊"让暴风雨来得更猛烈些吧！"但不是每个人都有这样的品质，只有那些成就大事业的人能够把苦难变成垫脚石，而懦夫却视其为绊脚石，从此消沉堕落。因此我们有必要提升自己的耐挫力，这样才能愈战愈勇，让我们的生命像春天的郁金香一样灿若云霞。

购买球根注意事项

我们最好购买经过冷藏处理的球根。如果没有经过冷藏处理，你可以用微润的报纸包裹球根，再套上网袋（而非不透气的塑料袋），放入冰箱冷藏1—3个月即可。在上海地区，我们购买的郁金香在冬季种下以后放置在室外经历寒冬，种球自己会在深深的土壤里长根，待到气温回升春季到来，就会发芽长叶直至开花。如果不做到这一点，而是直接把未经春化的郁金香种在温暖的花房里，可能叶片也会很繁茂，但很难有机会看到美丽的花开。

种植郁金香

郁金香，百合科植物，有地下球茎。一般认为原产地为土耳其，但也有人认为原产地为中国的天山西部和喜马拉雅山脉一带。经过园艺家们长期的品种培育，郁金香种类繁多，如今已有八千多个品种。仅仅根据郁金香的花型来划分，就有杯型、碗型、百合花型、星型、鹦鹉型、流苏型等。

郁金香　苍耳　摄影

郁金香栽培要点

准备好肥沃疏松的泥土（用腐叶土和适量的磷、钾肥作基肥），选择在气温低于10℃的冬季栽种，种好后放置在室外，郁金香耐寒、怕热。种下的时候水浇足，之后除非干旱才浇水，不要过于湿润。盆栽郁金香选用较深较大的盆有利于花后继续培养种球，一般覆土深度可在5—10厘米左右，地栽则需更深。较大种球栽种的间距也应该大，过于密集不利于生长。同一种颜色种一盆效果不错，如果混色注意颜色的搭配。花谢之后的管理很重要，直接影响来年复花的效果。春天花谢以后剪去花茎以减少养分的消耗，之后继续进行常规管理。到初夏，叶子枯萎以后，将地下球茎挖出，置于阴凉、通风、干燥处，待到冬季再栽培。

荷兰库肯霍夫公园的郁金香　章利民　摄影

上海大宁灵石公园的郁金香　黄燕子　摄影

种植水仙花

中国水仙的习性：
六月不在土（夏休眠）
八月不在房（秋植）
栽在东篱下（耐寒）
寒花朵朵香（冬花香）

谢吉明　摄影

　　水仙花，作为我国传统十大名花之一，深受人们喜爱，很多家庭把养一盆水仙作为春节的一项美好的仪式。

　　中国水仙花的花色品种不多，主要有单瓣和复瓣之分。福建漳州水仙和上海崇明水仙是水仙界的"名牌"。一些人喜欢用水仙塑造千姿百态的造型，便在水培之前对球茎进行雕刻。也有人更喜欢水仙花的自然生长，不经过一点点的雕刻直接水养或土培。

水仙花栽培要点

　　买来的水仙花种球的外皮上有泥、残根和干皮，用手仔细剥去，放置浅盆中，浸水1—2天，换水。之后可一直让水位保持在球茎三分之二的位置。如果植株不稳定，可在盆里放几粒可爱的石头或玻璃珠子。水仙花喜欢充足的阳光，可放置在南阳台或窗台上。为了控制株高，避免徒长，可以采用控水控温法，白天浸水、见阳光，夜间排水，保持低温，不放进开暖气的房间。

　　徒长，指的是植物茎叶长得又细又高的现象。一般肥水过勤、光照不足等都会形成徒长。徒长的水仙花会因枝叶太长而倒伏，花少，甚至不能开花。

　　水养的中国水仙和风信子等为什么不用在水里加入营养物质也能开花呢？这是因为球茎里面包含了植物生长的所有营养。也正是因为这样，花谢之后，球茎营养耗尽，就很难在来年复壮开花。因此等水仙花凋谢后，我们往往把它作为制作家庭有机肥的原料使用，第二年想种水仙花还得到花市购买种球。不过土培的洋水仙可以年年开花。

　　中国水仙花既可水培，也可土培。土培的水仙生长期更长，花期也更持久。

地栽的水仙花更灿烂　黄燕子　摄影

除去干皮的水仙球茎　黄燕子　摄影

种植风信子

复花的风信子，花朵稀疏　黄燕子　摄影

头年冬季种下的球茎，来年春季花朵繁多

黄燕子　摄影

风信子的复花能

复花，是指花谢后继续管理到第二年再开花。水培的风信子有着独特美丽的白根可观赏，但很难复花。土培的风信子花期较长，花谢后剪去残花，继续进行水肥管理至天气变热，叶片发黄进入休眠状态时，将球茎挖出，贮藏于冰箱的冷藏室或凉爽、干燥、通风处，待到来年秋冬季节再栽培，可以复花，但种球退化十分明显，复花的风信子花朵明显变得稀疏。而小巧玲珑的葡萄风信子是一款复花能力很强的品种，一朝拥有，年年有花欣赏。

风信子栽培要点

风信子，球根植物，原产于地中海东北部。花开时，浓烈的花香味有可能会使人失眠，不宜放置于卧室。

1. 选购：购买风信子球茎，要挑选表皮颜色鲜明，种球手感结实，无霉烂、无虫咬的健康种球。

2. 消毒：以高锰酸钾或多菌灵的稀释液浸泡种球30分钟，晾干。

3. 如果购买的种球未经春化作用，请放入冰箱里冷藏1个月，取出后在阴凉处放置几天，再种下。

4. 水培：球茎的底盘和水面保持1—2厘米的空隙，有利于根部透气。从11月份开始水培，大约30—60天后开花。

5. 土培：花盆里装上肥沃的疏松砂质土壤，风信子种球放置后覆土5—8厘米，浇足水后置于光照充足处进行常规管理。

葡萄风信子

玛格丽特-颜　摄影

葡萄风信子　章利民　摄影

番红花　黄燕子　摄影

种植番红花

番红花，别称藏红花、西红花，鸢尾科番红花属植物，为名贵的香料和染料植物。

番红花球茎夏季休眠，秋天种下后两周就开花，花朵日开夜闭。

每朵番红花里有三条红色丝状的雌蕊，最好在花开的当天上午采摘后摊于白纸上置通风处阴干，这就是名贵的香料藏红花，可用于食品调味和上色。人们常说藏红花贵比黄金，是因为一朵花仅采用三条雌蕊，据说从170 000朵花里面挑出的雌蕊只能产出1公斤干制藏红花，平均需要400多个工时，人工成本极高。

番红花虽然别称藏红花，但并非西藏特产。因清朝年间，从克什米尔地区运到内地途经西藏而被误解。西藏本地有一种名为"红花"的草药也被误认为藏红花，但两者药效不一样，是不同科属的植物。

藏红花全球总产量80%出自伊朗。我国的浙江、上海于50年前引种藏红花，目前国产藏红花绝大部分产自上海崇明。

番红花在花谢后及时追施以磷钾为主的肥料，利于地下球根长壮。初夏植株绿苗变枯黄时，起球，于干燥、阴凉、通风处贮藏，待暮秋时节再种土里。

观赏型番红花（无三条红色雌蕊）　玛格丽特-颜　摄影

年宵花知多少?

年宵花——过年期间，人们用来装饰房间，营造节日氛围的各种美丽花卉植物的统称。水仙、蝴蝶兰、蕙兰、红掌、仙客来、蟹爪兰、金橘、鹤望兰等都是人们普遍喜爱的年宵花。

建议同学们栽种一些春植型的球根花卉，比如朱顶红、碗莲、大丽花等值得尝试，其栽培技术难度低，观赏性高，且年年复花。

这节课我们认识了一些球根花卉，学

蝴蝶兰 黄燕子 摄影

习了风信子、郁金香、水仙花和番红花等秋植球根花卉的栽培技术，同学们把球根带回家细心栽培养护，注意觉察自己在照顾植物的过程中有哪些情绪情感产生，写观察记录时也把自己的心情写进去。

结业式茶话会

这节课是放寒假之前的最后一节课，同学们和老师一起上"草木养心"课已经一学期了，请大家坐在蜡梅树下，闻着花香，一边品尝柠檬香茅茶、藏红花茶或玫瑰花茶，一边聊聊自己和草木的那些故事，分享园艺活动对自己的疗愈作用。

课后作业

1. 把郁金香、水仙花或风信子、番红花的种球花带回家栽种养护，并做好观察记录；
2. 利用寒假外出机会观察冬季草木之美；
3. 推荐寒假阅读汪曾祺著《人间草木》。

朱顶红 黄燕子 摄影

仙客来 黄燕子 摄影

第十一课　抬头，看见春天

本课学习目标：

1. 透过镜头去发现春天的美丽；
2. 讲述自己所拍摄的花朵以及感受；
3. 设计一份上海地区赏春地图。

马顿〔dí〕在《南山南》里唱道："我在北方的寒夜里四季如春，你在南方的艳阳里大雪纷飞。"冬天的上海，很少下雪，但很冷。寒假期间，许多同学在局促的室内，把注意力都交给作业和电子屏幕。但大地转暖，南风微醺，春天已经悄悄回到江南，是时候从屏幕上抬起头了。抬头，就是春天。

春天来了，河边嫩绿的柳树正在冒芽，郊区农田的油菜花正在涂抹金黄，植物园里玉兰、桃花、杏花、李花竞相绽放。一场细雨到处摇喊，喊醒烟雨江南，唤出蒙蒙春天。万物生机盎然，都在准备着春天的生命大合唱。

花草植物大多会在春天发芽开花，会在夏日里郁郁葱葱，会在秋日里结满红黄诱人的果实，也会在严冬里坚守着春的盼望。草木不仅仅从物质上供养人类，更是我们不离不弃的心灵伙伴。它们在阳光雨露下茁壮成长，它们会坚持等待花开的时刻，它们伴随着我们的成长，和我们一起经历痛楚磨难，它们是治愈我们心灵最强大的秘方。

让我们抬起头，看见春天。

草地上的角堇　玛格丽特-颜　摄影

碧玉妆成一树高，万条垂下绿丝绦。
不知细叶谁裁出，二月春风似剪刀。
------[唐] 贺知章《咏柳》

你若仔细观察，会发现草木有不同的形状，美丽的色彩，诱人的香味，会长出美味的果实，会开花也会凋零，随着季节的变换而多姿多彩。我们要调动多种感官来感受草木，用心体会和感受，对自然会有更加深刻的理解，草木也会帮助我们更健康热情地去生活。

上海野生动物园的早春　黄燕子　摄影

美国作家理查德·洛夫在《林间最后的小孩》一书中提出"自然缺失症"现象，现代都市儿童对大自然的体验越来越少，他们不认识花草树木，不知道每天吃的粮食是怎样长出来的，即使到了户外，也不能体会和感受自然，不由自主地被电子产品吸引了注意力。更严重的是，孩子们产生抑郁症、焦虑症、注意力涣散等心理健康问题的比例也越来越高。

　　"No Child Left Inside"，这句话直译的意思就是"没有小孩留在室内"，这是美国政府在2009年推出的一个法案。为改善儿童"自然缺失症"的现状，政府敦促各州制定环境教育的标准，倡导儿童到户外去探索和发现，多亲近自然，增加与自然相关的教育内容。

　　一个妈妈就遇到了这样的烦恼。很长一段时间，两个孩子都不太喜欢家里的花园，因为绿篱太过茂盛，遮挡了花园的光照，花草植物长得不好，哥哥嫌弃没什么花可看，弟弟则讨厌花园里的虫子。有一天，妈妈想修剪院子围墙边长得太高太密的日本珊瑚，觉得物业要价200元费用太高，便借了修枝剪来自己修剪。哥哥和妈妈合作剪枝，弟弟端茶送水，三个人忙乎了一上午，出了很多汗，绿篱的修剪全部完成，看着院子清爽透气，大家都非常开心。从那以后，这位妈妈和孩子们经常在花园里一起劳动、一起玩耍，孩子们渐渐对植物的生长有了兴趣，对花盆边上爬着的蜗牛产生了好奇，周末的花园时光也变得越来越有意思了。出门在外，两个孩子也开始对周围植物有更多的关注，甚至还对自然和环境的问题产生了兴趣。妈妈感慨道："我们母子一起从事园艺劳作，是一件令所有人都特别开心的活动，既省了钱，又锻炼了身体，还能减压，真是一举多得啊！"

樱花树下　黄燕子　摄影

赏花活动：多一个视角看春天

学生2—3人一组，准备一个拍照用的相机或者手机，2—3张图案镂空的卡纸，借着相机镜头和卡纸图案来拍摄花草树木，让我们多一个视角看春天。

活动准备 课前学生分组，准备镂空卡纸和拍摄设备。

课前设计并刻好卡纸镂空图案，图案可以是人像、动物、花瓶、叶子、窗框等。课堂上小组成员透过卡纸的镂空处看春花，并互相配合着拍摄下来，为之后的摄影作品分享环节做好准备。

心灵手巧的同学可以将自己的照片打印在相片纸上，其他地方镂空，看看自己和春天待在一起的样子。

拍摄花朵

以小组为单位到花园或校园里观赏春天的花儿，自由拍摄。小组成员协作挑选下一个环节要分享的摄影作品1—3张。

拍摄的时候，如果遇到不认识的花儿，想一想有哪些办法得到答案呢？

分享春天

回到教室，或选择一片开阔的草地，大家安坐下来一起欣赏同学们的春天摄影作品。小组每个成员都可以发言，讲讲自己对所拍摄对象的感受，也可借诗词表达自己的心情。

用镂空图案卡纸拍摄春天的步骤：

1. 在较硬的纸上画好图案；

2. 用刻刀沿着线条刻画后便获得镂空图案；

3. 一个同学手持镂空图卡纸，另外一个同学用照相设备对着拍摄，注意两人相互配合，寻找最美角度。

卡纸后面的黄色玛格丽特花朵成为舞者衣裙的图案

透过传统的窗框看一丛花

朱定亚　刻制
黄燕子　刻制
黄燕子　摄影

69

孟春　仲春　暮春

　　春季赏花，你需要清楚知道何时在何地赏何花。因为不同花儿开放的时间不同，不同的公园和绿地的主打花卉也不同。

　　我们一般把春天分为三个阶段：孟春、仲春和暮春。

　　孟春也就是初春，包含两个节气：立春（2月3—5日）、雨水（2月18—20日）。孟春赏花，大致包括寒假以及开学后两周的花事。这个阶段能欣赏到的花包括蜡梅、梅花、水仙花、迎春花、结香、茶梅花、山茶花、三色堇、长寿花、兰花以及冬天和春天一直在开的仙客来等。

　　仲春时节包含两个节气：惊蛰（3月5—7日），春分（3月20—22日）。这段时间杨柳依依，春意浓浓，白玉兰、报春花、紫玉兰、连翘、紫花地丁、李花、桃花、杏花、樱花、二月兰、梨花、耧斗花、雪滴花、海棠等渐次开放。大片的油菜花、波斯菊、花菱草、虞美人开成了花的海洋。

　　暮春也叫季春，这是李清照笔下的春天，包含两个节气：清明（4月4—6日），谷雨（4月19—21日）。这个阶段，春天向夏天冲刺，花事繁盛。牡丹、紫藤、紫荆花、杜鹃、芍药、郁金香、风信子、洋水仙、鲁冰花、银莲花、金鱼草、花毛茛、鸢尾、石竹、毛地黄、六倍利、大花飞燕草、舞春花、蔷薇、月季、玫瑰、朱顶红、雏菊、金盏菊、荷包花、百合花……真是让人目不暇接，春天的交响达到了炫彩的华章。

初春绽放的白玉兰
黄燕子　摄影

　　春天万紫千红，花儿品种繁多，你所在的小区、校园一定有很多的花渐次开放，每天都能感受到这春天的勃勃生机。周末赏花，你可以参考特色赏花地的推荐，和家人一起去尽情享受春天的美丽盛宴。

上海梅花观赏地推荐：闵行莘庄公园、浦东世纪公园、上海植物园、奉贤海湾国家森林公园、普陀梅川公园、静安雕塑公园等　黄燕子　摄影

浪漫的紫藤花园，位于上海市嘉定区博乐路环城河畔，园内90余株巨型紫藤，为日本友人藤本道生先生无偿提供　玛格丽特–颜　摄影

上海郁金香观赏地推荐：上海鲜花港、闸北大宁灵石公园、长风公园、上海植物园、上海南园滨江绿地、闵行体育公园等　黄燕子　摄影

上海樱花观赏地推荐：顾村公园、上海植物园、共青森林公园、浦东世纪公园、奉贤海湾国家森林公园、虹口鲁迅公园、杨浦公园等。

樱花　蒋虹燕　摄影

仲春时节，奉贤、南汇和崇明等郊区，油菜金黄，桃花灼灼，梨花如雨，这些花海是春天最盛大的庆典。

梨花　黄燕子　摄影

桃花　谢吉明　摄影

左边这几个圆形的图里，梅花、桃花、李花、樱花、梨花、海棠花等，看得你眼花缭乱了吧？如何分清呢？你可以查查资料，看看这几种花哪些花瓣有缺口，哪些先开花后长叶，哪些是贴着枝干开花的。

春光明媚的日子，这些美丽的花儿不仅进入你的眼里，也会开在你的心里，它们的美丽会融进你的生命里。

杜鹃　黄燕子　摄影

杜鹃花观赏地推荐：上海植物园的杜鹃园、滨江森林公园、松江方塔园等。

校园的垂丝海棠树下，同学们捡几瓣落花夹在书里，留下春天的气息。甚至可以像这位同学，到落满花瓣的草地上躺一躺，让自己与大地亲密接触　黄燕子　摄影

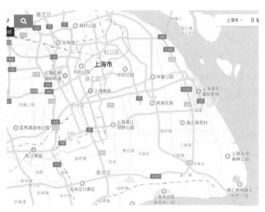

设计上海地区赏春地图

姹紫嫣红的春天固然热闹，这满是新绿的树林里，洁白的蝴蝶花却如此清新，仿佛人间仙境　黄燕子　摄影

第十二课 春　　播

本课学习目标：

1. 懂得播种与节气的关系，思考人应该如何顺应自然；
2. 种三盆植物：旱金莲、牵牛花、蓝猪耳或樱桃萝卜。

　　春风绿柳枝，时雨红花树。借着春风春雨，人间草木复苏，大地生机盎然。那些在去年秋天播种的二年生花卉植物，感受到气温回升、春雨滋润，开始快速生长，多数在春天开花。而一年生的草本植物也需要在春天及时播种，在春风春雨里种子发芽生长，才有机会在当年繁花盛开。

　　园丁善于从农事活动的规律中学习，参考二十四节气进行园艺活动。

　　2016年，二十四节气被列入联合国教科文组织人类非物质文化遗产代表作名录。早在春秋战国时期，我们的祖先通过测量日晷，确定了春分、夏至、秋分、冬至四个节气。之后人们不断地改进，到秦汉时期，完善的二十四节气正式写进历法。产生于黄河中下游地区的二十四节气，有四季的物候变化和气温高低，体现了一年中季节气候的变化规律，当地的人们可以据此合理安排农事活动。上海的春播时间早于黄河流域，秋播时间则晚于黄河流域，如果你认真做好植物栽培的物候观察记录，也能越来越多地感知到植物生长与节气的关系。

　　随着春天气温回升，要随时做好播种的准备。从惊蛰到谷雨，上海地区最适合花草播种。那些在春季开花的植物需要早播，比如旱金莲、波斯菊、虞美人等，尽可能在惊蛰前播种，如果播得晚了，则可能刚刚进入花期就遭遇炎热，观赏期太短。家里有暖房的可以提前到头一年的秋冬季节播种，便能在整个春天欣赏到这些怕热植物的花朵。不怕炎热的植物从春分到芒种都可以播种，比如太阳花、美女樱、一串红、千日红、凤仙花、吊竹梅、吊兰等，甚至有的品种春、夏、秋三季都可以随时栽种，比如吊竹梅、黄花新月、吊兰、香菇草等。

　　上海地区从秋分到小雪是秋播的季节。一些暑热消退得较早的北方地区8月中下旬就可以开始秋播，而上海地区通常要等到9月下旬秋分前后，白天气温低于28℃才能开始进行秋播。11月下旬的小雪至12月上旬的大雪期间，上海地区还在欣赏秋叶，气温并不低。因此，一些需要春化的二年生球根植物，最好等到大雪之后，气温再低一点时播种。

栽种旱金莲

旱金莲，因多数品种的花朵颜色金黄灿烂，叶子形状与莲花相似而得名。

旱金莲习性：喜欢光照充足、土壤湿润肥沃。因旱金莲既怕冷又怕热，故越冬温度不要低于10℃，夏季高温时生长受抑制，乃至死亡。上海的气候冬夏温差大，夏季的旱金莲很难存活，冬季气温10℃以下时需搬进光照充足的屋子。若家里有阳光房或者封闭式南阳台，旱金莲在冬季也能开花。

旱金莲什么时候播种合适呢？

由于旱金莲的特性，各地播种选择不同季节。冬暖夏凉的地方，旱金莲春、夏、秋三季一直开花，春播即可。上海地区种旱金莲，有以下3种播种季节：

1. 早春播种，5月份前后能赏花，到6月底，植株进入高温下的不良状态，可拔除；

2. 头一年的初秋播种，初冬时搬进阳光房，从冬季至初夏都能赏花；

3. 头一年的秋末播种，来年春天至初夏赏花。

旱金莲播种前可用常温的水浸泡种子24小时，更易出芽。夏季来临前，采收成熟的种子晒干后保存。

旱金莲可播种于育苗块里，也可直接播种到花盆里或地里，播种后1—2周发芽，待真叶长出2—4片时，移栽至大盆里。直径25厘米左右的花盆里种3株左右即可，可以掐尖打顶，促使分枝　黄燕子　摄影

旱金莲开花几个月后，渐渐老化，这时可剪下带花苞的枝条插进花瓶里，能继续观赏很长一段时间　黄燕子　摄影

旱金莲属半蔓生或倾卧植物，栽培的时候，或如左下图，搭支架，时常引导新枝条缠绕；或如右下图，任其卧于南向飘窗的窗台上；也可悬挂于高处，任花枝如瀑布般垂下。

搭支架的旱金莲　黄燕子　摄影

自由爬行的旱金莲　黄燕子　摄影

栽种牵牛花

牵牛花，因清晨开花，午前渐渐凋谢，故又名朝颜。花色丰富，有蓝、浅蓝、紫、绯红、白等，果实可入药。

牵牛花特别易于栽培和养护，春夏秋季均可播种，但春播的牵牛花长势更好；浇水的时候土壤湿点干点均可；光照充足自然不错，半阴条件也能长好；耐暑热高温，只是不耐寒。

牵牛花最好直接播种到盆里或地里，移栽对它生长不利。牵牛花的花多，开到一定阶段一边开花一边结果，果实（种子）成熟后易开裂，注意采收后晾干贮藏。如果你栽种了两个以上的牵牛花品种，还可以尝试人工授粉，杂交培育新品种。

当牵牛花长到一定高度，需要搭支架任其攀爬。支架可以是废弃的鸟笼、用坏的羽毛球拍等废旧物品，也可以专门搭建栅栏，或者购买包塑铁丝，手工制作造型别致的支架。

牵牛花

黄燕子　摄影

粉色花朵的蓝猪耳 黄燕子 摄影

栽种蓝猪耳

蓝猪耳，玄参科的直立草本植物，又名夏堇、蝴蝶草，是难得的耐高温观赏花卉。

蓝猪耳种子十分细小，播种时可将种子放在一张白纸上，轻轻抖动到泥土里，不必覆土，保持土壤湿润，1—2周出芽。第一年栽种过蓝猪耳的地方，第二年会长出很多的蓝猪耳来，根本不需人工播种，这种现象称为植物的自播。

蓝猪耳喜欢光照充足，最好露天栽培，能耐高温高湿，花期从暑假到秋天，因不耐寒，初冬谢苗。

栽种樱桃萝卜

樱桃萝卜，一款兼具颜值和口感的小型萝卜，从播种到收获，周期2—3个月左右，栽培过程很容易产生成就感。

樱桃萝卜一般采用播种的方式，于春天或者秋天点播。有条件的种在肥沃的土地里，没有花园的则可种在较大的蔬菜盆里，只要土壤疏松肥沃，后期进行常规管理即可。

喜欢栽种好看的食用植物，你还可选择西红柿、草莓、蓝莓、辣椒等品种，这些植物都需要充沛的光照。用心照顾好植物，它很快便会回馈你视觉上和味觉上的惊喜。

樱桃萝卜 黄燕子 摄影

第十三课　植物的花

本课学习目标：

1. 通过视觉、触觉、嗅觉感受自己和同学们带来的花朵，欣赏花朵的美丽；
2. 能识别花朵的构成，了解花朵的传粉方式；
3. 感悟花朵上亿年演化背后所隐藏的生命智慧。

说一说：花儿为　么这样美？

　　每位同学带一朵（或一束、一盆）自己认为最美的花来，把这花介绍给大家认识，并说一说，花儿为什么这样美？

　　"花"这个字，最早出现在商代甲骨文中。南北朝时期《梁书·何点传》里出现了我国关于花卉的最早记载："园中有卞忠贞冢，点植花卉于冢侧。"花在人们的生活中扮演着重要的角色，每当教师节、情人节、母亲节等节日，人们以赠送鲜花来表达爱意或敬意。还有很多的重要场合人们都会使用鲜花，比如，婚礼现场以大量的鲜花装饰，社交集会中人们佩戴胸花或纽扣花，葬礼和墓地用花艺表达哀思，寺庙或教堂里以鲜花敬奉神灵等等，可以说，鲜花几乎贯穿了人一生中所有的重要场合。

用鲜花来布置婚礼环境，在各国都很普遍　黄燕子　摄影

很多墓地，留有专门栽种花卉的位置　黄燕子　摄影

仙客来　黄燕子　摄影

　　从物种的角度看，生命延续是最为重要的事情。植物的花，正是植物生命得以延续的繁殖器官。

　　裸子植物的花没有明显的花被（花瓣和花萼），是单性的花（包括雄球花和雌球花），其构造太简单而被忽略。通常人们说到花，多指被子植物的花，由此，被子植物门的植物，又被称为有花植物或开花植物。世界上大约有25万种被子植物，用"千姿百态"来形容它们的花朵式样远远不够，尽管花朵如此纷繁复杂，研究者还是找到了典型的花朵所具有的共同结构图式：

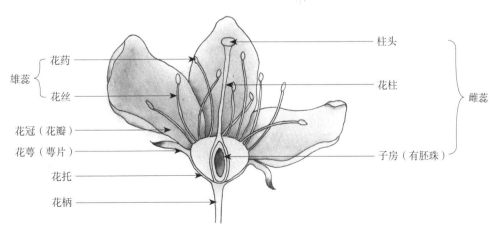

花的结构　朱定亚　绘制

79

一朵花的花瓣组合称为花冠。

整齐花：花瓣大小相似，如十字形的二月兰、漏斗状的打碗花、钟状的桔梗等。

不整齐花：花瓣大小不等，如唇形的薄荷花、蝶形的槐花等。

离瓣花：花瓣分离，如玫瑰、桃花、荷花、梅花等。

合瓣花：花瓣连接成一体，如牵牛花、茄子花、金银花等。

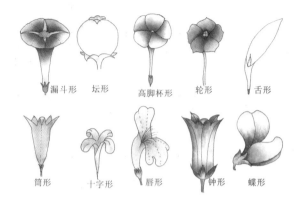

常见的花冠类型　朱定亚　绘制

花冠的形状

蒲包花的花冠二唇状，上唇瓣直立较小，下唇瓣膨大似蒲包状

鹦鹉型的郁金香最显著的特点就是花瓣边缘有不规则的锯齿或缺刻

风铃草的钟形花冠

牵牛花漏斗状的合瓣花

十字形花冠的萝卜花

向日葵 黄燕子 摄影

金丝桃 黄燕子 摄影

完全花和单性花

完全花：既有雌蕊又有雄蕊的花朵，如上图中的向日葵和金丝桃。
不完全花（单性花）：仅有雄蕊或雌蕊的花朵，包括两种情况——
雌雄异株：雌花与雄花长在不同的植株上，如银杏和苏铁等；
雌雄同株：雄花和雌花生于同一株植物上，如西红柿、南瓜等。

雌苏铁的花 黄燕子 摄影

雄苏铁的花 黄燕子 摄影

自然界中花朵的构造所存在的差异，可以帮助我们更好地识别各植物的种间关系。一般情况下，双子叶植物和单子叶植物可以通过其花瓣数量加以区分：前者花瓣数为4或5片（或者4或5的倍数），如向日葵和金丝桃，后者花瓣数常常是3片或3的倍数，如下图的紫露草（左）和文殊兰（右）。

紫露草 黄燕子 摄影

文殊兰 黄燕子 摄影

穗状花序　　头状花序　　伞房花序　　复伞形花序　　伞形花序　　柔荑花序　　圆锥花序　　总状花序

花序图　朱定亚　绘制

花序和单生花

　　花按照一定规律排列于花轴上，簇生于植株上，就是花序。按照不同的划分标准，花序可以分为多种类型，比如，腋生花序、居间花序和顶生花序，是因花在茎上的位置不同而分类。如果看开花的顺序，则可分成有限花序（又称聚伞花序）与无限花序（总状类花序）。无限花序，除了上面图中的几种之外，还有复伞房花序、复穗状花序、肉穗状花序和隐头花序等。其实有很多花序可能既像这个又像那个，并不能绝对归类。

　　一眼就能看出是一朵花的，叫单生花，有的长在茎枝顶上，有的长在叶腋部位，如荷花、郁金香、牡丹等花。

鹤望兰的花序：花数朵生于总花梗上，下托一佛焰苞。鹤望兰奇特的花型如一只鹤头，又名天堂鸟　黄燕子　摄影

金银莲花（白花荇菜）的花朵属单生花。5个花瓣上，有流苏般的长柔毛　黄燕子　摄影

蝴蝶吸食花蜜的过程中为花传粉 刘延 摄影　　食蚜蝇成虫喜食花粉和花蜜 黄燕子 摄影

　　美丽的花儿因其曼妙的形态、缤纷的色彩和迷人的香味，令人沉醉其中，欲罢不能。植物开花是为了传粉、受精并结出种子，以种子延续自己的生命。有花植物在利用外界力量为自己传粉方面各显神通，除了利用昆虫（虫媒）这种动物外，还有利用鸟类（鸟媒）、蝙蝠（蝙蝠媒）及其他动物，这些都是用生物作为媒介；还有很多植物喜欢非生物媒介来帮忙传粉，如风（风媒）或较罕见的水（水媒）。

　　昆虫在花间飞舞，为花朵传播花粉，而花朵提供给蜜蜂的回报就是含糖的花蜜。花朵之所以长出某种特定的颜色，是用来吸引蜜蜂、蝴蝶和其他动物来给自己传粉。鸟类和蜜蜂都有色觉，可以看到色彩斑斓的花朵。除了用颜色吸引授粉者，花还能散发气味吸引授粉，碰巧有的味道我们人类也喜欢，但有些花会散发出某种人类讨厌的臭味，例如大王花、巨花魔芋等，是为了吸引喜食腐肉的昆虫前来授粉。

　　一些植物能利用多种媒介，也有少量的植物只钟情于某种特定的媒介，比如无花果和榕小蜂的关系可谓天荒地老，早在白垩纪时期它们就已建立的协同进化保留至今。无花果外观上看不到花，只因它的花序属于隐头花序，生长在果腔内壁。当花朵开放的时候，释放出一种特殊的香味，只为召唤传粉特使榕小蜂。身材娇小的榕小蜂仅有2—3毫米大小，它通过顶部一个极小的通道挤进果腔传粉，之后在榕果里产卵繁殖后代，直到后代长大带着花粉去访问其他的无花果。

美味香甜的无花果 花小仙 摄影　　臭烘烘的巨花魔芋 丫丫 摄影

83

昙花 黄燕子 摄影

昙花只在夜晚开放三四个小时，这是由它原产地的生长环境决定的。昙花原产于炎热干旱的热带沙漠中。白天干热的沙漠，在夜里气温降至20多度，空气变得比白天湿润，这时昙花款款绽放。到了深夜零点左右，沙漠气温继续降低，昙花开始凋谢。就这样，恰好避开了白天的高温干旱和后半夜低温的伤害，有利于昙花的生存。昙花开时，花香弥漫，是为了吸引在夜间活动的蝙蝠和蛾子来传粉，好让自己的生命延续下去，这可是它的终极目标。昙花的这种在夜里短暂开花的生存智慧，代代相传，已经镶嵌在基因里。不过还有一种花型更小的小昙花却有着更长的花期，能够开2天，白天有机会见到它那酷似昙花的姿容。

一些兰花除了通过展示艳丽的花色、提供蜜露和香水等手段吸引传粉者，甚至进化出了各种拟态，来欺骗昆虫以达到传粉目的。

有一些植物为了更好地吸引传粉者，不惜"制作"显眼的"广告招牌"，例如，粉纸扇、白鹤芋、花烛、马蹄莲和叶子花。这些植物的真正的花朵都不起眼，不容易被昆虫发现，所以它们演化出了色彩鲜艳的萼片或苞片，来代替花朵吸引昆虫授粉。叶子花，又名三角梅，三朵微小的花朵聚生于苞片中，人们常误以为美丽的外围苞片是花瓣。再如红掌那火红的佛焰苞被误以为是花朵，真正的花是乳黄色的圆柱，为肉穗花序。

叶子花 黄燕子 摄影

红掌 黄燕子 摄影

虽然大自然中的花朵不是为了取悦人类而绽放，没有人类它们依然美丽，但人类却必须依赖它们才能生存下去。水稻、小麦、玉米、土豆等农作物开花结果，生生不息，才使我们人类和其他动物获得食物从而得以生存。人类主要以植物的种子、果实、根、茎、叶为食物，同时还食用一部分植物的花。西兰花、花椰菜、黄花菜、菊花脑和洋蓟等被人们普遍食用，昙花和南瓜花可以烧汤，旱金莲可以拌沙拉，还有荷花、桂花、菊花、金银花、月季、菊苣、蜀葵、矢车菊、美人蕉和向日葵等也可食用。茉莉花、桂花、菊花等还可制作成花茶饮用。薰衣草、天竺葵、玫瑰、蜡梅、白兰花等可提炼精油。番红花的柱头是上好的香料和染料。还有上百种花可入药，更不用说花对人类审美的作用了。总之，花对人类的意义十分重大。

人们一直用帮助植物授粉进行杂交的方式，获得一些新的园艺品种。随着科技的发展，转基因技术运用于花卉产业，人们正在培育出越来越多的色彩新奇、花姿优美、抗性更强的花卉品种，虽然丰富了人们的精神生活，但转基因品种的培育还是应当谨慎为之。其实，大自然的花朵绝不会浪费资源去长些没用的东西，可人类一旦涉足基因技术领域，任意改变花卉植物的基因，可能对未来的环境和人类的命运埋下祸患，我们应对大自然存有敬畏之心。

再次凝视你带来的花朵，经过这一课的学习，你对它多了哪些了解呢？

在倾听这些有关花朵的故事之后，请再次注视它，轻柔触摸它的花瓣。闭上你的双眼，闻一闻花的味道，去感悟它在漫漫岁月里所凝聚的生存智慧。深深地吸口气，睁开眼睛看看它，你似乎回到了初见时为它的美丽所感动的时刻，你的心里响起了一首歌，一首跟花相通的生命之歌。

每一朵花的绽放
都在演绎
延续数亿年的
生命传奇
——沙曼·阿普特·萝赛《花朵的秘密生命》

黄燕子　摄影

第十四课　五感之旅
——赏樱

本课学习目标：

到樱花树下感受花的美丽，感受春天的气息，感受自己生命的美好。

　　伴随着城镇化发展的步伐，城市规模越来越大，高楼林立，无边无际的水泥森林，生活其中的人们更加渴望回归自然。一到节假日，想亲近自然的人们蜂拥出城，高速公路一时变得极其拥堵。而留在城里的人也会去附近的公园、绿地看看花草树木，人们确信到自然中能够放松身心，因为我们直观地感觉到亲近自然让自己身心愉悦。可是人们的学习和工作压力大，节奏快，能够和自然亲近的时间非常有限。我们应该在自然中至少待多久才有放松的效果呢？ 2019年4月4日《每日科学》网站报道了一项研究结果，把这个时间确定为20分钟。这项研究发现，只要在城市公园内停留20分钟，你就已经能够感觉到快乐，如果能够停留半个小时，心情会更加愉快。这篇文章的第一作者，密歇根州大学副教授玛丽·卡萝·亨特医生说："我们的研究显示，如果从有效降低压力激素皮质醇角度来定义最佳效果的话，在能给你带来亲近自然感觉的地方散步或静坐的时间需要20至30分钟。"越来越多的人选择在环境美丽的社区居住，在自家院子里种植花草。即便住公寓房，人们也会利用阳台、窗台等有限空间，种植盆栽花卉，阳台蔬菜，尽可能多地与自然亲密接触。

赏樱　谢宏泰　摄影

亲近自然　侯海甬　摄影

樱花，泛指蔷薇科樱属植物，后仅指"东京樱花"。在樱花之国日本，每年樱花季节，举国春游，人们呼朋唤友，相聚于樱花树下野餐、谈笑，享受春日美好。但日本并不是樱花的原产地，据记载，樱花原产于我国喜马拉雅山脉地区。研究文献的学者发现，唐朝时一到春天，从皇家花园到民舍田间，成片的樱花灿若云霞。当时日本前来中国朝拜的使者被樱花的美丽所折服，于是，樱花随着服饰、建筑、茶道、剑道等中国文化一同被使者带回日本，日本园艺师为世界培育了丰富的樱花品种。

　　每年春天樱花盛开的时候，不论是城市的公园、植物园，还是大学校园、郊野公园，人们纷纷来到树下，尽情享受樱花美景。

上海植物园的樱花　黄燕子　摄影

赏樱少年　黄燕子　摄影　　　　　　较早开花的河津樱　黄燕子　摄影

今天，同学们来到樱花树下，先走一走，看看樱花盛开的样子。当你看到有一些低矮的樱花，你可以静静地闭上双眼，把脸颊轻轻贴着花瓣，当花瓣轻触脸庞的时候，你的心里响起了怎样的旋律？

选一块安静的区域，坐着或者躺着。轻轻闭上你的双眼，让你的面部放松，眉心舒展，感觉肩部放松，让身体的每一个部位都非常放松。做几个深呼吸，吸气的时候，体会氧气从鼻腔进入身体的每一个细胞，让你全身充满能量；呼气时，感受二氧化碳从口腔吐出，如同那些压力和焦虑一样，被我们吐了出去。之后让你的呼吸回到平常的节奏，把注意力集中到感受空气中阳光和花朵的味道，耳朵听到周围的一些声音，你能感受到这个生机勃勃的世界，你能感觉到自己非常舒服地在樱花树下，与大自然融为一体，感受到自身强大的生命力。

扫码听赵倩老
师冥想引导语　　　　　御衣黄

樱花树　黄燕子　摄影

樱之落英　黄燕子　摄影　　　　　　　秋季，樱之落叶　黄燕子　摄影

　　或许在赏樱的时候，你能有幸体会到樱花雨。当微风起时，片片落花随风飘扬，人在樱花雨中，心随花瓣飞舞，感觉自己变得轻盈，灵魂无拘无束。

　　或许你能看到水面飘落的花瓣，这一池的花瓣都在谱写生命的华章。

　　等秋季来临，樱花树下将飘落灿烂的秋叶，依然在吟唱生命挽歌。

赏樱地推荐

　　上海植物园、辰山植物园、顾村公园、江湾城路的樱花大道、静安雕塑公园、青海路樱花道、同济大学樱花大道、复兴公园、中山公园、南浦大桥公交枢纽站等都有不俗的樱花景观。你若有更多的时间，建议去无锡太湖鼋头渚，那里的樱花定会令你陶醉。

钟花樱的颜色十分艳丽　黄燕子　摄影

上海地区赏樱时间参考

　　1. 2月下旬至3月中上旬，早樱品种开花，如钟花樱、河津樱等；

　　2. 3月下旬至4月上旬，淡粉、白色的樱花大量开放，非常壮观，如染井吉野、阳春、神代曙、越之彼岸等；

　　3. 4月中下旬至5月上旬，晚樱盛花期，如日本晚樱、御衣黄等。

　　另外，秋冬也有少量冬樱可赏。

无锡鼋头渚的樱花　谢吉明　摄影

第十五课　闻香识草木

本课学习目标：

1. 品尝香草茶和香草饼干；

2. 了解香草和香花的种类，认识玫瑰、薰衣草、薄荷、迷迭香等几种香草植物；

3. 栽种两盆香草：薄荷、碰碰香。

　　人有五种感官：视觉、听觉、味觉、嗅觉和触觉。眼睛感知事物的形状、颜色、空间及动态；耳朵聆听大自然和人工制造的各种声音；舌头能品尝到酸、甜、苦、咸、鲜，以及由这五种基本味道混合出的更加丰富的味道；鼻子嗅出各种气味；身体各处的皮肤能透过触摸产生不同的感受，尤其是手指的触摸带给我们丰富的体验感。五感中，嗅觉能通过长距离感受气味，而味觉必须零距离接触才能感受到味道。味觉和嗅觉还互相影响，比如，人们感冒时鼻塞失去嗅觉，味觉也受到"牵连"，会觉得吃什么东西都没有味道。

　　人们来到花园里，眼睛看美丽的花儿，耳朵听鸟儿鸣叫，用手轻抚柔美的花瓣，深深地吸一口气，鼻子闻到花儿的幽香……人的多种感官都被调动起来，一场短暂的花园漫步，让人顿感疲劳一扫而空。而那些能散发出香气的植物尤其能够调动人们的感官，使人精神一振。现代研究发现，植物的芳香分子与嗅觉感受器结合后，便会开启一系列绚丽的化学反应，并作用于大脑的边缘系统，进而产生美妙的情绪反应。上海交通大学芳香植物研究实验室姚雷教授团队的研究结果表明，芳香对于焦虑情绪有明显缓解作用。

　　香草植物，指散发芬芳气味的植物，既包括艾草、藿香、薄荷、薰衣草、迷迭香、百里香等草本植物和低矮灌木，还包括大型的香樟树、柚子树等乔木。近年来，香草植物被广泛运用于园艺、医疗、餐饮和美容行业。

　　不同的季节有不同的芳香草木。春天，玫瑰、金银花的香味令人陶醉。炎热的夏季，栀子花、白兰花带给我们清新的感觉。秋季，遍植上海各处的桂花齐放，满城香气弥漫，即便待在房间里，桂花香味也会从窗口飘进，令人身心舒坦。冬季，蜡梅的馨香持续很长一段时间，是寒冷季节里最美的记忆。

深蓝鼠尾草　玛格丽特-颜　摄影

玫瑰精油自然的芳香，能刺激人类大脑分泌出两种荷尔蒙：内啡肽、脑啡肽，这两种神奇的物质是我们感觉快乐的源泉。柚子、橙子、柠檬等芸香科水果的果皮中因含有"芒烯"而散发的香味，能刺激大脑产生α脑电波，使大脑放松，从而帮助人们更好入眠。薰衣草精油能舒缓压力，放松肌肉。人们只需直接用手摸一摸碰碰香新鲜的叶片，它散发出的怡人香味，就让人倍感甜美清爽。

玫瑰，原产我国，花朵主要用于提炼香精玫瑰油和食品加工。大约六吨重的花朵能提炼出一公斤的玫瑰精油，号称"精油之后"的玫瑰精油十分昂贵。玫瑰精油广泛用于医药领域，还用来制造高级香水和护肤用品。玫瑰的花朵能食用，玫瑰鲜花饼、玫瑰豆腐乳、玫瑰膏等都以玫瑰花为原料制作而成。

薰衣草，原生于欧洲的阿尔卑斯山南麓。日本的北海道和法国的普罗旺斯，因种植大面积薰衣草而成为旅游胜地。我国新疆伊犁是亚洲最大的香料生产基地，这里有大规模的薰衣草种植基地。薰衣草精油有镇静、安神、抗菌、消炎等功用。

红玫瑰与白玫瑰 黄燕子 摄影

薰衣草 玛格丽特-颜 摄影

喝薄荷凉茶，品薄荷饼干

薄荷饼干　吴芸　摄影　　　　　　　　　　薄荷凉茶　黄燕子　摄影

薄荷茶制作

干净的新鲜薄荷叶片放入沸水里，浸泡一会儿即可饮用。还可以根据自己的口味加入绿茶和蜂蜜。夏季则可先将薄荷叶放进冰箱冻成冰块，需用时取一块加进饮用水里即可。

薄荷，又名夜息香，茎秆、枝、叶都香，因为含有薄荷醇和薄荷酮，茎和叶具有医用和食用双重功能。薄荷提取物广泛运用于药材、食品、化妆品和个人洗护用品中，比如，薄荷味的口香糖、牙膏、洗面奶等。

薄荷因茎秆颜色及叶子形状的不同，可简单分为紫茎紫脉和青茎两种类型。

我国种植最广的有胡椒薄荷和绿薄荷（留兰香薄荷），此外还有苹果薄荷、橘子薄荷、

猫薄荷　黄燕子　摄影　　　　留兰香薄荷　黄燕子　摄影　　　凤梨薄荷

黄燕子　摄影

凤梨薄荷、香水薄荷（又称柠檬香蜂草）、葡萄柚薄荷、糖果薄荷、猫薄荷等，很多薄荷以其香型来命名。

薄荷栽培

1. 准备好底部有孔的花盆，以及肥沃疏松的泥土；

2. 剪3—5枝5—10厘米长的薄荷插入土中，用手把薄荷周围的土按压一下，稳固住薄荷；

3. 浇足水（定根水），放在有散射光的通风处2周左右，根长出来后移至阳光充足的地方；

4. 薄荷喜欢湿润，要勤浇水，但如果一次忘记浇水导致薄荷枝叶发干，可以狠剪枝叶，很快就会长出新的枝叶；

5. 薄荷需要经常修剪，剪下来的枝叶来不及吃，可晾晒干保存，日后需要的时候取用。

加了迷迭香的香肠　玛格丽特-颜　摄影

迷迭香饼干　吴芸　摄影

作为名贵的天然香料植物，迷迭香，又被称为"海洋之露"，是因为它蓝色的小花如水滴一样美丽。迷迭香花和嫩枝叶提取的芳香油被广泛运用于香料制造、化妆品原料和药品中。

迷迭香具有镇静安神、醒脑功用，常用于治疗头痛、失眠、心悸等多种疾病。你学习时疲倦了，用手轻轻拂过迷迭香，再闻闻手上沾满的香气，立刻神清气爽。迷迭香气味浓郁，甜中带苦，烤牛排和土豆料理等食物中常见其身影。

最神奇的是，迷迭香能增强注意力，是脑力工作者的最佳伴侣。在古代，人们还相信它可以增强记忆力。

直立型迷迭香　玛格丽特-颜　摄影

"迷迭香是为了帮助回忆，亲爱的，请您牢记。"

——莎士比亚《哈姆雷特》

匍匐型迷迭香 黄燕子 摄影

按照株型分，迷迭香包括匍匐型和直立型两大类。直立型迷迭香，在适宜的气候条件下，有的能长成小树一般，最高能长到2.5米左右，常用作芳香绿篱；匍匐型迷迭香，更耐寒耐旱，更容易开花，是家庭盆栽迷迭香的最佳选择。

碰碰香

碰碰香，别称一抹香、触留香等，因触碰后才能散发香气而得名。碰碰香的香味浓甜，醒脑效果明显，宜作小盆栽，置窗台向阳处，学习疲倦时以手轻抚，留其余香在手。叶片可泡茶，亦可烹饪。

在碰碰香生长过程中需要常修剪，用手就能轻轻掐去柔嫩的尖部枝叶，掐下来的叶片放在手边时常闻一闻，也可以泡水饮用。

碰碰香不碰触香味不明显，碰触后香气浓郁，这是为什么呢？原来，碰碰香的叶片受到触碰时，叶片上用于透气的孔张大，芳香物质顺着气孔扩散出来，空气就变得香喷喷的。

扦插一盆碰碰香

1. 准备一个小巧可爱的底部有孔的花盆，以及适量的疏松、透气的营养土；
2. 剪下一枝5厘米左右长的枝条，剪去下部叶片以减少水分蒸发并增加成活率；
3. 将插条埋入花盆中央的土里，用手轻轻压实基部，避免植株倒伏；
4. 浇透水，在遮阴处养2—3周左右即可生根，之后摆放在阳光充足的地方养护。

管理注意事项：碰碰香喜欢光照，比较耐旱，不耐潮湿，不耐低温。日常浇水见干见湿，注意别让根部因水过多而涝死。多修剪，以促使更多的枝条生长。碰碰香老化后枝条木质化，可剪枝重新扦插。

碰碰香　黄燕子　摄影

柠檬香茅草　黄燕子　摄影

黄燕子 摄影

玛格丽特-颜

其他几种香草植物，请你把名字和植物一一对上号吧！它们的名字是：旱金莲、芸香、罗勒、紫苏、茴香、迷迭香、百里香、朝雾草、尤加利。

玛格丽特-颜 摄影

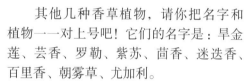

黄燕子 摄影

香草的制法

黄燕子 摄影

1. 新鲜的香草浸泡在橄榄油里，放入冰箱冷冻；

2. 把盐、辣椒、醋等调料拌在捣碎后的罗勒和迷迭香里，放入冰箱冷藏；

3. 百里香、迷迭香、柠檬香茅草等，可晾干后保存；

4. 夏季可用薄荷、柠檬香茅草等泡茶或做成香草冰饮。

黄燕子 摄影

第十六课　中国传统十大名花

本课学习目标：

1. 认识我国十大传统名花；
2. 理解十大名花所蕴含的精神内涵，并选一种能够代表你自己的花卉植物作为"我花"；
3. 在与小组同学一同演绎名花的过程中，去发现自我更多的可能性。

课前准备

全班同学分成多个小组，每个小组负责演绎1—2种名花。要求小组成员一起查资料，了解这种花卉植物的园艺观赏价值、栽培注意事项以及人们在文学艺术方面对它的表现和歌颂。之后讨论演绎方案，可以借助PPT和其他道具，全体组员上台共同演绎，可用诗歌朗诵、舞蹈、话剧、歌剧等方式去表现。

> **中国传统十大名花**
>
> | | |
> |---|---|
> | 梅　花 | 牡　丹 |
> | 菊　花 | 兰　花 |
> | 月季花 | 杜鹃花 |
> | 茶　花 | 荷　花 |
> | 桂　花 | 水仙花 |

早春图 〔清〕杨晋

国花的评选

世界上大多数国家都有自己的国花，有的国家的国花还不止一种，也有的花被多个国家评为国花。国花是这个国家的民族气质和民族精神的象征，包含着独特的寓意。

1982年，我国观赏植物学家陈俊愉教授等人呼吁中国应有国花。1986年，上海园林学会、上海电视台与《大众花卉》《园林》杂志编辑部联合举办了我国十大名花评选活动，选出了上述十大名花。参加评选的条件，除了观赏价值要高，还必须原产中国，或在中国已经栽培达400年以上的历史。

2019年7月，中国花卉协会借助网站和微信公众号，向大众征求对国花的意向投票。截至2019年7月22日24时，投票总数362 264票，投票结果牡丹胜出，得票高达79.71%。但依然有很多人并不认同这次评选结果，认为中国就应该多种国花共存。其实，这十大名花，不只是近些年群众评选出来的，更是几千年来中华民族历代文人和普通民众的共同精神追求，蕴含着中华民族的文化底蕴。

傲霜斗雪——梅花

梅花寒冬腊月孕蕾，冬末绽放，不惧严寒、独步早春的精神，被人们赋予了刚强和高洁的寓意，象征着中华民族坚韧不拔、自强不息的精神品质。古今文人赏梅、咏梅、画梅，以梅花精神激励自我，留下众多诗词歌赋。上海地区的梅花通常在惊蛰前后开放，春节后至植树节前是最佳赏花时期。

赏梅地推荐：苏州的香雪海和林屋洞，杭州的超山和灵峰，上海的莘庄公园、世纪公园、大观园以及海湾国家森林公园的梅园等。

梅花 于东航 摄影

国色天香——牡丹

牡丹，在我国有 1 500 多年的人工栽培史。一到春天，洛阳、菏泽等地就会举办盛大的"牡丹节"。牡丹花花型宽厚，被称为百花之王，有圆满、浓情、富贵、雍容华贵之意，广受人们喜爱，相关诗词、绘画和刺绣作品十分丰富，并形成了包括多学科在内的文化奇景——牡丹文化学。

上海赏牡丹地方推荐：上海植物园牡丹园、漕溪公园、长风公园、嘉定古猗园等。上海地区的牡丹多在春季学期的期中考试周前后进入盛花期。

牡丹 黄燕子 摄影

花之君子——兰花

兰花，主要指春天开花的春兰，夏天开花的蕙兰，秋天开花的建兰，以及冬天开花的寒兰和墨兰。现在市场上很多花大色艳无香味的热带兰不包括在内。

兰花因花香宜人、花叶摇曳，被誉为"空谷佳人""花之君子"。兰花历来被视为清雅的化身，象征着高洁、坚毅的民族品格。古代文人通常以兰花来夸赞友谊和爱情。

春剑鱼凫梅　黄毅　摄影　　　　**墨兰祥云翡翠**　康建军　摄影

高风亮节——菊花

菊花在我国的栽培史有3 000多年，历代诗人画家留下有关菊花的名作不胜枚举。如果说春季"开到荼蘼花事了"，那么秋冬季节，菊花傲霜怒放，"此花开尽更无花"。菊花不畏寒霜的气节，正是文人歌颂的精神。因古代菊花只有黄色，旧时又称"黄花"。菊花不仅美化环境，而且集食用价值、饮用价值和药用价值于一体。近年来，人们对逝者寄托哀思的时候，尤其钟爱菊花。

菊花有着独特的观赏价值，作家秦牧这样描述它的花朵：有的端雅大方，有的龙飞凤舞；有的瑰丽如彩虹，有的洁白赛霜雪；有的像火焰那样热烈，有的像羽毛那样轻柔……

秋菊有佳色　张明文　摄影

水中芙蓉——荷花

荷花，即莲花，在我国的栽培历史长达3 000年。荷花不仅美丽动人，还有经济价值，人们爱吃的藕和莲子美味又营养，莲子、荷叶、荷花等都可入药。

荷花出淤泥而不染的高尚品格，成为洁身自好的人格象征，在宗教和文学艺术领域，荷花的身影随处可见。

每年暑假是赏荷最佳时期。上海及周边赏荷地推荐：嘉定古猗园、海湾国家森林公园、嘉定新城荷花基地、无锡蠡园、杭州西湖曲院风荷、南通启秀园、南京玄武湖公园等。

江南

汉乐府诗

江南可采莲，莲叶何田田，鱼戏莲叶间。

鱼戏莲叶东，鱼戏莲叶西，鱼戏莲叶南，鱼戏莲叶北。

荷花　于东航　摄影

花中西施——杜鹃

杜鹃花，又名映山红、山踯躅等，每年春天，我国西南横断山脉地区品种丰富的野生杜鹃开满山野。19世纪中期英国人从该地区采集了多种杜鹃带回欧洲，培育出很多新的杜鹃品种，而我国作为杜鹃的主要原产地，在新品种的培育方面较为落后。杜鹃适应范围很广，从江、浙、皖海拔500米的山坡，到西部海拔4 000米的高山，都有它美丽的身影。

高山杜鹃　玛格丽特-颜　摄影

校园里的春鹃　黄燕子　摄影

花中皇后——月季

月季原产于中国，早在 2 000 多年前，人们就热衷于月季品种的培育。在长江流域，月季的栽培历史最为悠久。月季，花型多样，花色丰富，四季常开。红色月季常被当作玫瑰成为情人间爱的信物。虽然月季也可提炼香精，但人们更多时候使用玫瑰来提炼精油。

花中娇客——茶花

茶花，原产我国，又名山茶花，花姿丰盈，端庄高雅。茶花的花色以红色、白色、粉色为主，黄色较少，有单瓣，但重瓣更为普遍。花有止血功效，种子可榨油。

十里飘香——桂花

初秋，桂花开时，满城飘香，令人神清气爽。木樨属的桂花那深藏叶底的细小花朵能够引人瞩目，靠的是浓郁的香气。香气较淡的四季桂一年四季多次开花，而金桂、银桂、丹桂等则只在秋季开2—3波，其中于中秋前后盛开的这一波最为盛大。月圆时分，桂花树下赏月，清风徐徐，你的视觉、味觉、嗅觉等多种感官得到极致的体验，这样的享受令人忘却所有烦恼，沉浸于喜悦平和之中。

桂花芳香，可提取芳香油，制桂花浸膏，还可用于制作食品，如糕点、糖果，并可酿酒。桂花味辛，花、果实及根皆可入药。桂花酒香甜醇厚，有开胃醒神、健脾补虚之功效。桂花茶能养生保健，养颜美容。

鸟鸣涧
[唐] 王维

人闲桂花落，夜静春山空。

月出惊山鸟，时鸣春涧中。

凌波仙子——水仙花

水仙花，又名中国水仙，在我国栽培历史悠久。中国水仙花中，要数漳州水仙最为知名，花姿动人，花朵繁多，花色素雅，香味浓郁。水仙花是春节期间我国人民喜爱的传统年宵花，蕴含着纯洁、吉祥如意的寓意。

我国传统的十大名花，也被很多城市确定为市花。比如，北京：月季、菊花；天津：月季；台北：杜鹃花；南京：梅花；昆明：云南山茶；杭州：桂花。

课后作业

1. 国有国花，市有市花，请你来选出"我花"。

如果有一种花能够代表你，它应该有哪些特点呢？请选一种能够代表你自己的花卉植物作为"我花"，并与小组同学分享。

2. 请留心观察有十大名花图案的生活用品。

第十七课　多肉植物组合盆栽

本课学习目标：

1. 了解多肉植物的基本知识；
2. 掌握多肉植物上盆技术；
3. 在多肉植物组合盆栽的游戏中，觉察自己内心的需求。

多肉植物，泛指那些在长时期对环境的适应过程中，演化出肥大营养器官的植物。这些植物之所以需要肥厚的特殊贮水组织，是因为它们的生存环境大多为干旱地区，或某一时段较为干旱的地区，当干旱发生时，根系只能依靠肥厚器官里贮存的水分来维持生命。

狭义的多肉植物，主要指景天科、番杏科、龙舌兰科、大戟科、百合科、萝藦科等当中某个部位肉质肥厚的种类，仙人掌科植物不列入其中，而广义的多肉植物总数达万种以上。

"肉肉"是多肉植物的昵称，有时候也叫它"多浆植物"或"多肉花卉"。

一般肉质化的部位有三种情形：茎干基部、茎部、叶片。

叶片肉质化——叶片肥厚多汁，茎木质化或者严重退化。代表植物：景天科、番杏科、百合科、龙舌兰科等。

茎肉质化——茎壮实而肥厚，叶常簇生。代表植物：大戟科、萝藦科。

茎干基部肉质化——茎干基部为膨大的块状体。代表植物：天门冬科的大苍角殿、龙舌兰科的酒瓶兰、薯蓣科的龟甲龙等。

景天科多肉植物 黄燕子 摄影　　　**龙骨** 黄燕子 摄影　　　**龟甲龙** 马超然 摄影

多肉植物的原产地

非洲有三个地区分布着较为集中的多肉植物种类，分别是：南非和纳米比亚；加那利群岛和马德拉群岛；马达加斯加岛和索马里、埃塞俄比亚。

南非，有着较长时段的干旱季节，气温偏冷凉，因此成为地球上多肉植物种类最多的地区。这里，番杏科和阿福花科植物的种类远超过其他地区，大戟科、景天科和夹竹桃科类群也不少。

纳米比亚的气候干旱少雨，多雾，这里有世界最美沙漠——纳米布沙漠，分布着大量珍稀的濒危物种，如百岁兰、夹竹桃科的棒棰树等奇特的生物资源。

干旱少雨的加那利群岛和马德拉群岛拥有特有的多肉植物，包括景天科的莲花掌属、魔南景天属、爱染草属，在其他地区没有分布。

马达加斯加岛西南部的热带干湿季气候区，分布着很多当地特色植物，如龙树科植物、景天科伽蓝菜属植物，以及夹竹桃科的非洲霸王树，葫芦科的沙葫芦属和史葫芦属等植物。

非洲霸王树，又名马达加斯加棕榈，夹竹桃科植物 黄燕子 摄影

美洲的墨西哥，以及肯尼亚、坦桑尼亚等东非国家，也是重要的多肉植物分布区。而日本、美国、西欧则有很多著名的杂交品种。

大犀角，又名臭肉花，萝藦科多年生肉质草本植物 黄燕子 摄影

南非的野生多肉植物 苏芸 摄影

常见的多肉植物

常见的人工栽培多肉植物主要来自这8个科：天门冬科、番杏科、大戟科、独尾草科、景天科、夹竹桃科、菊科、仙人掌科。其中，全科为多肉植物的番杏科和仙人掌科植物，分别有2 500余种和2 000余种多肉植物。其他含有多肉植物的科，包括凤梨科、苦苣苔科、酢浆草科、鸭跖草科、马齿苋科、石蒜科等100多个科。

银冠玉，仙人掌科乌羽玉属植物，含致幻剂　黄燕子　摄影

墨西哥蓝鸟又称薄叶蓝鸟，是景天科拟石莲花属的多肉植物　张晋川　摄影

玉露，阿福花科芦荟族瓦苇属多肉植物。其肉质叶通透似玉、晶莹圆润　黄燕子　摄影

罗密欧，景天科拟石莲花属多肉植物　朱英　摄影

帝玉，番杏科对叶花属多肉植物　朱英　摄影

蓝豆，景天科风车草属多年生植物，有淡淡甜香味
张晋川　摄影

照波，番杏科多肉植物　张梓楠　摄影

多肉植物的栽培要点

乒乓福娘，景天科银波锦属多肉植物 黄燕子 摄影

用土：植物大多靠根系吸收营养，有健壮的根系才有健壮的植株。良好的介质有利于根系的生长。但不同阶段、不同种类的多肉，需要介质有所不同。幼年期多肉植物，建议土壤配方比例为：细小的泥炭土60%+小颗粒40%（颗粒是指珍珠岩、火山岩、陶粒等）。对成年多肉植物，可以按照泥炭土、沙子、颗粒物三者1:1:1的比例配制。番杏科和瓦苇属的多肉植物，因其原产地的环境为纯粗砂介质，因此人工栽培时也可完全使用颗粒介质。弱酸性的介质，能满足大多数多肉植物的需求。

浇水：总的原则是不让盆土长时间过干或过湿，浇水时一次浇透，然后等到土壤快干透时再浇第二次水，这样水分适当，还能保证根部透气，有利于植物健康生长。

多肉植物的冬夏管理：春季和秋季是多肉植物的最佳生长期，要尽可能增加日照时间。不同多肉在夏季和冬季需区别对待：冬型多肉在冬季缓慢生长，夏季休眠；夏型多肉在夏季生长（若夏季气温过高也会休眠），冬季休眠。上海的夏季又湿又热，为了让肉肉们平安度过夏季休眠期，需要将多肉放置在光线明亮、通风凉爽的环境里养护，并控制浇水。冬季最佳浇水时间是白天暖和的时候，注意减少浇水的频率与水量，保持盆土微微湿润就好，过多的水容易让多肉的根系冻伤。

新买来的多肉植物上盆：1. 准备好适合小苗期的多肉植物使用的配土和花盆，建议用陶盆，比较透气，有利于植物的生长。盆和土都做好消毒处理。

2. 把买来的肉肉取出，抖落泥土后修根（剪去老根、残根和病根），放在阴凉通风处搁置1—2天晾干。

扫码观看多肉植物上盆视频

3. 在盆土里挖个坑，将肉肉干爽的根须放到坑中，覆土至完全盖住根部，压实。在土壤表面喷水，保持土壤微微有潮气即可。如果你准备的土本来就略微潮湿，则可不必表土喷水。

4. 一周的缓苗期：新上盆的多肉植物，放在明亮散射光的环境里养护（避免阳光暴晒），保持环境通风凉爽，可以每天朝土壤表面喷一层薄薄的水雾，增加土壤的湿度，保持泥土微湿。

5. 一周之后进入正常养护期，摆放到全日照环境里，正常浇水。

多肉的繁殖技术：多肉植物常用的繁殖方法有：扦插、播种、叶插、嫁接、分株、截取生长点等。景天科植物用叶插效率很高；番杏科多肉常用播种繁殖法；瓦苇属植物可截取生长点；仙人掌科主要用嫁接和扦插方式繁殖。

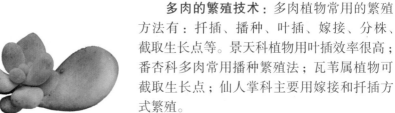

叶插的桃美人

多肉组合盆栽游戏

多肉组合盆栽游戏材料：花盆、多肉营养土、小盆装多肉植物、园艺小品、抽签筒、笔和纸。

这些多肉植物和园艺小品，哪些是你喜欢的呢？

认真观察老师栽培多肉植物的示范性操作，也可提前扫第106页的二维码观看短视频学习。

用于组合盆栽游戏的园艺小品　黄燕子　摄影

游戏活动规则

1. 同学分组，每组6人，6位同学按照字母A—F报数，并且记住自己的字母代号。在一共三轮的种植活动中，每位同学将有两次机会种植，一次机会做观察员或记录员。活动开始后，记录员负责用笔和纸记录这一轮组员摆放植物和园艺小品的位置（可以画图记录），观察员仔细观察游戏活动中组员的动作和表情。

2. 种植、摆放的顺序由抽签决定，每人每次只能种一株植物，或者放置一个园艺小品，不允许将他人已经摆放、种植的东西拿出花盆，但可以挪动，组员之间不能说话。直到第三轮结束小组完成作品，进入讨论环节方可说话。

3. 在游戏活动中，你有两次机会选取多肉和园艺小品共两件（或两棵多肉植物，或一棵多肉植物加一件园艺小品）。以小组为单位，用这些多肉植物和园艺小品在一个大的花盆里共同制作一个组合盆栽作品。

多肉植物　毛秀玲　摄影

107

组合盆栽游戏的步骤

第一步 小组成员在禁语中安静用心完成以下三轮种植活动：

第一轮，由A同学担任记录员，B同学担任观察员。请C、D、E、F四位同学在桌上的笔筒里抽签，按照抽签顺序去取一棵多肉植物或者一件园艺小品，拿到花盆里摆放或栽种在你心里最理想的位置，之后退到旁边，等候其他同学摆放自己喜欢的植物或小品；记录员将四个人的摆放位置记录好以后举手示意老师过来拍照。然后进入第二轮，由C同学担任记录员，D同学担任观察员，A、B、E、F四位同学轮流栽种。第三轮的记录员是E同学，观察员是F同学，A、B、C、D四位同学轮流栽种。每轮结束的时候都由观察员举手示意老师过来拍照记录，便于讨论的时候参考。三轮都结束的时候，不能再改变作品位置。

第二步 小组成员讨论作品的主题，并为作品命名。

第三步 全体同学分享游戏感受：

1. 你拿取植物或园艺小品时，最打动你的是什么？

2. 刚才的禁语活动中，你为什么把植物或园艺小品放在这个位置呢？当你看到他人摆放小品或栽种植物，或者挪动你的植物和园艺小品的时候，你有怎样的感受？

3. 在小组讨论作品主题和命名的环节里，你有怎样的感受和想法？

4. 你觉得不用语言交流的情况下，人们怎样才能够更明白彼此的想法呢？

第四步 小组成员讨论今后养护这个盆栽作品的方案。

组合盆栽 毛秀玲 摄影

第十八课　观赏草和树篱

本课学习目标：

1. 了解观赏草和树篱在花园里的运用，感受观赏草和树篱不一样的美，体会自由和自律的关系；
2. 种一盆观赏草；
3. 种一棵木本植物，为它设计造型，并掌握修剪技术。

观赏草，指那些形态美丽、色彩丰富的草本观赏植物和禾本科观赏植物，它们的环境适应性强，日常管理成本较低。设计优秀的观赏草景观，往往能做到四季有景。

花园冬景　派特·欧多夫（Piet Oudolf）摄影

位于上海市徐汇区定安路的万科中心绿地，是以观赏草为特色的园艺景观，每年9—11月，粉黛乱子草开花后，粉色雾气弥漫在凸起的小土坡上　黄燕子　摄影

晚风起时，苇中独行
邱忻 摄影

蒲苇，是雌雄异株的禾本科蒲苇属植物，雌花的丝状柔毛圆锥花序闪烁着柔和的光泽，十分稠密且高大，但雄花的花序较狭窄，小穗无毛
黄燕子 摄影

　　自然界各类草原、草甸和稀树草原中生长着大量的草，地球上草地约占陆地面积的20%。

　　白居易写道："离离原上草，一岁一枯荣。野火烧不尽，春风吹又生。"自然中，森林火灾之后的空地上很快就会长满各种草丛，如果这些草丛再次遭遇火灾，依然会长出新的草丛，生命力极强。

冬季的新西兰，枯草在暖阳里熠熠生辉 谢吉明 摄影

这梦幻般的花园，是自然主义美学运动的领军人物派特·欧多夫（Piet Oudolf）的杰作，这位荷兰著名的植物种植设计师，是当今世界最有影响的设计师之一。他在设计的时候把花园分成无数的小块，每一块由一种植物形成一丛，不同的植物呈块状混合在一起生长，不同植物在四季中有着不同的颜色，从而达到四季有景的效果　派特·欧多夫　摄影

　　派特·欧多夫这种自然主义风格的园艺，让植物在花园里按照自己的个性生长，一株植物有荣有枯，却始终与周围的其他植物相生相伴。派特·欧多夫的花园里，这些由多年生宿根植物、草本科以及野生植物共同构建的植物群落，在大地上展现出如诗如画的自然风貌。

　　派特·欧多夫提倡以四季的眼光来思考花园，人们就能接受植物的凋零。植物在冬季凋零，悲凉中隐藏着一种自然的力量，那是芳华绽尽之后的蛰伏和等待，在这样的景观面前，人更容易获得一种平静的力量。最本真的自然变化就是一种惊心动魄的美。你，感觉到了吗？

　　派特·欧多夫设计的花园里，除了具有荒野意味的草和灌木，我们还看到了修剪得规规整整的树篱。追溯欧洲造园艺术发展历史，在规整的法式和意式园林中，高高矮矮的树篱或灌木篱占据着花园的重要位置。

初冬的观赏草和围墙状树篱　派特·欧多夫　摄影

秋季花园的色彩　派特·欧多夫　摄影

英国曼彻斯特南部的艾蕾府邸花园（Arley Hall Garden），高大的圆柱形树篱述说着花园200多年的建园史　蒋美华　摄影

位于法国诺曼底的埃特勒塔（Les Falaises d'Étretat）悬崖花园，2015年改造后，艺术家的雕塑作品点缀在大量的修剪造型的植物中，成为空间布局的亮点，极具现代气息，这座花园成了新未来主义的开放性实验花园　周碧青　摄影

　　欧洲造园艺术最具代表性的为意大利式园林、法国式园林和英国式园林。位于亚平宁半岛上的意大利多山的地形与夏季闷热的气候造就了独特的"台地园"，这是一种以规整式为主的园林形式。法式古典园林建立在意式园林的基础上，逐渐形成了注重对称和秩序的园林设计。

　　作为法式园林的代表作之一，巴黎的凡尔赛宫花园对西方造园艺术产生了深远影响。

凡尔赛宫花园一角　黄燕子　摄影

从18世纪中叶起，英式园林成为主流。出于对田园生活的向往，追求自然风格的造园艺术在英国盛行，几何形状和规整对称的布局不再流行，大片草地的边缘，形态自然的高大乔木和一些低矮的灌木错落有致地分布着，弯曲的道路和溪流将园林分割成多个部分，人们对花卉植物的种植越来越讲究。18世纪末期，受到中国古典园林的影响，英国人在花园里增加了亭、廊等建筑。英国皇家植物园（即"邱园"）里屹立至今的中国式宝塔，即建造于18世纪。

邱园的中国式宝塔 玛格丽特–颜 摄影

巴恩斯利花园（Barnsley House Garden）是英国著名的花园。春天，山茱萸科的灯台树开花时，整个花园显得清新脱俗，让人流连忘返 玛格丽特–颜 摄影

113

有人说，观赏草和宿根花卉打造的自然派花园就是自由的代名词，而规整的树篱则是自律的结果。

不论是崇尚自然的英式园林，还是走得更远的派特·欧多夫花园，繁盛与枯荣并存的花境里，大量花草树木看似自由自在、无拘无束地恣意生长着，但其实，这样的花园也需要园丁的辛勤打理。何况，造园之初如果没有造园师对不同植物在四季表现的周全考量和精心设计，则与荒野景观无异。可以说，这样的花园是在秩序的基础上表现出了自然迷人的一面。

那些高高矮矮修剪得近乎精巧的树篱，犹如高度自律者在一丝不苟中追求着完美，每一次修剪之后，树篱都焕发出生机，萌发出更强的生命力，长得更加枝繁叶茂。有的绿篱经过长达百年的岁月，依旧显得郁郁葱葱，正是修剪刺激着植物的生长，大有愈挫愈勇之势。

更多的时候，树篱与花花草草互相融合、刚柔相济，生长在同一个花园里，共同谱写出一曲生命的美丽赞歌。

或许，观赏草和树篱的打造过程说明，越自律，越自由。

英式花园里的树篱　玛格丽特-颜　摄影

以观赏草为主的花园　章利民　摄影

黑麦草　黄燕子　摄影

发芽的兔尾草　黄燕子　摄影

播种繁殖一盆黑麦草（或兔尾草、细茎针茅草）。

黑麦草，盆栽可密集播种，播种后保持泥土湿润，草很快就能长出来。需定期修剪，剪草时青草会散发出特殊的清香。

兔尾草，10月上旬播种（也可春播），一个中型花盆里播种4—7粒，草长出来后别修剪，保持良好光照，来年4—5月会长出毛茸球般的圆锥花序。

细茎针茅，又称墨西哥羽毛草，春季或秋季分株繁殖，取出带土球的植株后，剪短上部叶片和下面根系，上下均留5厘米左右，种进花盆后浇一次透水。细茎针茅的叶子柔美，纤细如丝状，花序银白色，花期6—9月，冬季变黄后别有一番风味。细茎针茅遇夏季高温时进入休眠状态。如果选择播种繁殖细茎针茅，可于春季或秋季进行。

细茎针茅　玛格丽特-颜　摄影

兔尾草　玛格丽特-颜　摄影

修剪活动：用时光塑造一棵"棒棒糖"

1. 选择植物：可以是小木槿、蓝雪花、月季、尤加利、柏树、叶子花、玛格丽特等任何一株木本的耐修剪的植物。

2. 在植株生长良好的时候撸去全部侧芽，直到它长到你预想的高度，剪掉顶芽（这叫打顶），留侧芽。之后按照你预想的形状不断修剪，在你坚定的行动之后，时光自然赠予你一株理想的棒棒糖形的可爱植物。

3. 只有养护健康的植物才能如你所愿，修剪成你想要的模样。正如一个身心健康的人，不害怕遇到问题，可塑性极强，能根据环境和条件的变化不断主动调整自己，去实现自我价值。

小木槿"棒棒糖"　玛格丽特-颜　摄影

蓝冰柏　玛格丽特-颜　摄影

刚修剪的小木槿　花小仙　摄影

第十九课　苔花如米小

本课学习目标：

1. 观察自然界中苔藓的生长和分布情况，找寻我们身边苔藓的身影；
2. 掌握苔藓造景的基本步骤；
3. 制作一个小盆栽的苔藓铺面。

苔藓植物是由水生到陆生的过渡类型的植物，属于最低等的高等植物。全球苔藓种类繁多，约有20 000多种。苔藓的适应性很强，多生长于散光潮湿之处，从热带到温带乃至寒冷的南极地区都有分布，有着顽强的生命力。

苔藓没有维管束，因此长不高，大多低调地附着在地上、树上，低矮的身材不太引人注意。在我们身边，无论是林下、草地，还是路边，只要仔细观察，都有苔藓的身影。

> **苔**
>
> [清] 袁枚
>
> 白日不到处，青春恰自来。
>
> 苔花如米小，也学牡丹开。

人工栽培的苔藓墙　黄燕子　摄影

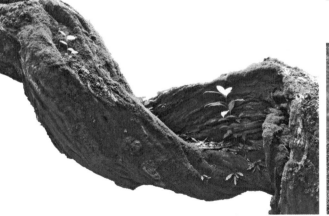

温暖潮湿的江南地区，树干上常见苔藓附生其上。一株百年紫藤的粗大藤条上长满了苔藓

黄燕子　摄影

这一丛中心长有报春花的苔藓，丛生成垫状，生长于我国四川贡嘎山附近的泉华滩。此地海拔4 000多米，长年无夏，阳光强烈，泉水温暖　张育松　摄影

117

没有苔藓就没有人类

近年来，美国科学家最新研究指出，大约4.7亿年前，地球环境发生改变，含氧量明显增加，才使得像人类这样的智能生物有机会演化出来。导致氧气量增加的功臣，正是快速蔓延的苔藓类地被植物，使地球第一次出现了稳定的氧气来源。

庭院里的人工栽培苔藓
玛格丽特-颜　摄影

苔藓救命的故事

2017年，菲律宾一个21岁的渔民出海捕鱼时遭遇风暴，在海上失联56天后，于巴布亚新几内亚被救起时，他已经漂流了3 000多公里。近两个月的时间，他忍饥挨饿，一次次被推向绝望的边缘，却又以顽强的精神坚持了下来，靠喝雨水、吃苔藓一直捱到了救援。这些苔藓长在长度仅为2.5米的小船上，成为他的救命稻草。

野外树林里的苔藓　朱小茜　摄影

温室里的苔藓　兰子杙　摄影

几种常用造景苔藓

吴芸 摄影

尖叶匍灯藓

茎直立或匍匐蔓延生长，基部黄色假根，叶干时皱缩，潮湿时伸展，比较耐湿，适合苔藓造景，尤其适合雨林缸和水陆缸，养护容易。

吴芸 摄影

白发藓

苔藓靠孢子繁殖，盆里的白发藓已有孢子，这意味着有机会繁殖更大的一片苔藓。白发藓是最常用的苔藓，耐活易养，闷养、半闷养或开放式养护都可以。

吴芸 摄影

羊毛藓（图左侧）

野外生长在针叶林下，土生、腐木生或湿岩生，根部带微量土，绒状丝滑浓密，养护简单，需通风环境。

星星藓（图中部）

独立成株，茎高2—3厘米，对水分敏感，造景常作为中景，增加层次感。

初阶操作活动：盆栽铺面

榆树小盆景里的葫芦藓。正值夏末秋初，葫芦藓孢子体成熟，其蒴柄逐渐由绿到黄，最终还会变红

玛格丽特-颜　摄影

　　结构简单的苔藓，依靠茎和叶吸收水分和养分得以生长。苔藓的根是起固定植株作用的假根。在缺水情况下，苔藓会进入休眠状态，但遇水后很快能复活。苔藓植物喜欢潮湿的环境，大多数苔藓也是喜欢阳光的，我们平时看到的苔藓多在阴暗处生长，主要不是因为那里阴暗，而是因为那里足够潮湿。如果光照强的地方也有潮湿的环境，一些苔藓会生长得很好。人工种植苔藓一定要多喷水，保证环境的湿度，同时提供良好的光照和通风条件。

　　在种好的小盆景里铺上干净的苔藓，日常管理中一定要常喷水。夏天避免中午阳光暴晒，放到明亮的阴凉处；冬天多晒晒温暖的太阳。

小盆景的苔藓铺面　黄燕子　摄影

盆栽铺面　菜小狗　摄影

高阶操作活动：苔藓缸制作

步骤1：先确定主题，围绕主题来制定设计方案，选择苔藓品种和岩石、沉木。

步骤2：选择合适的容器。玻璃杯、玻璃茶壶、鱼缸等透光性好的器皿，都可作为造景容器。下图使用的是一个废弃的长50厘米的鱼缸。

步骤3：铺底石。先在容器底部铺一层疏水用的小石子，它能把渗到底部多余的水与上部的土壤隔离开，这样既能防止土壤泡水，也能让容器底部储水，保持容器内的湿度。

步骤4：铺种植土。苔藓虽然不靠泥土活，但一般的营养土容易带细菌和虫卵，后期可能导致苔藓发霉长虫，所以泥土的选择建议使用无菌泥炭土或者杀菌的椰土混合物。铺土时根据容器高度选择土层的厚度，可以造出高低起伏的地形，从不同角度观察以调整地势起伏，这样造景才会更加立体生动。

步骤5：移植苔藓。苔藓表面事先喷水复苏，苔藓底部自带的泥土如果不够平整或者有凹陷，先用细土把凹陷填满，并喷水捏合凹陷处。这么做能让苔藓与容器种植土之间更紧密贴合，提高苔藓成活率。按照设计方案，把苔藓块铺到种植土上，稍用力按压均匀，使苔藓和种植土能完全贴合。铺设的顺序一般是先大块后小块，先后面再前面，先边缘再中间。大多用手完成，一些细节可使用镊子等工具辅助完成。

步骤6：装饰。如果要表现小径，可用化妆砂、松树皮铺路；表达动物嬉戏，可以摆放几个塑胶小动物；表达枯木山石，可以找几节枯枝或石头。也可以使用一些模型小人，总之，请发挥想象力进行细节装饰。

步骤7：造景收尾。用苔藓或造景小物件把暴露的土全部填满，给整个容器内部轻轻地喷水，容器壁上的杂质土粒可以冲下去，底石有薄薄一层积水就说明水足够，接下来就是耐心养护了。

苔藓缸外观　吴芸　摄影

苔藓缸局部细节，大灰藓、羊毛藓、大桧藓、尖叶匍灯藓的组合造景　吴芸　摄影

栽培苔藓的要点

栽种苔藓，能让你的心静下来，把你的节奏放慢，再慢一些，你就能从默默生长的苔藓中感受到生命的力量，时光静止在这美好的时刻。

如果你要制作一个苔藓缸，造景的关键是根据种植环境，选择合适的容器和苔藓品种，设计时留意造景的高低起伏和层次感，把自己想象成一只小蚂蚁藏身在绿茸茸的大自然中，以小见大，营造专属于你的独一无二的绿世界。在设计和制作的过程中，从简洁着手，慢慢调整，你的想象力和创造力会被不断激发出来。

你制作的小巧的苔藓盆栽，可伴你左右，学习之余，给它喷喷水，看看晶莹水珠在苔藓上光彩夺目的样子，能缓解学习压力，调整身心状态，疲劳一扫而空。

多看看苔藓吧，它会让你置身于清凉世界，当你用心呵护它、关注它，它会用自己的美回馈你赏心悦目，带给你快乐和感悟。

苔藓与石阶搭配出花园的禅意　玛格丽特-颜　摄影

如何获得苔藓

1. 购买苔藓。
2. 苔藓爱好者之间的分享和交换。
3. 树林里、小石板路的缝隙、潮湿的地上都可以采集到各种苔藓，但记得少量采集，采集后拢一拢原生地苔藓，让它们不因为你挖走一块留出丑陋的空缺。采集后用略微沾湿的纸巾把整块苔藓包上，放进事先准备好的塑料袋里带回。

不同场景苔藓品种推荐

使用场景	常见苔藓品种
盆栽铺面	白发藓、朵朵藓、大灰藓、葫芦藓、羊毛藓、地钱等
纯苔藓盆栽	白发藓、羊毛藓、朵朵藓、星星藓、地钱、仙鹤藓等
水陆缸、雨林缸	大灰藓、尖叶匍灯藓、大羽藓、凤尾藓、莲花藓等
较耐干苔藓	星星藓、白发藓、大灰藓等
较耐高湿苔藓	尖叶匍灯藓、万年藓、莲花藓、大桧藓、凤尾藓等
苔藓微景观	白发藓、星星藓、羊毛藓、大灰藓、朵朵藓、金发藓等

第二十课 草木养心手作 干花与压花

本课学习目标：

1. 掌握干花的制作方法；
2. 用平时积累的压花素材创作一件压花作品；
3. 静心体会手工制作；
4. 养成观察花草细节的习惯，以收获更多美的感受。

干花插花 玛格丽特-颜 摄影

干花

即将凋零的月季花，摘下几枚花瓣，随意洒在茶几上，立刻多了几分雅致　梳子　摄影

花开花谢，潮起潮落，生命在轮回中上演着最华丽的篇章。花开时，我们珍惜它那生命的芬芳，尽情品味它，调动我们的多种感官去感受它绽放的美丽。但花期毕竟有限，若你能制作干花，便能得到花儿别样的美丽。

曾经怒放的美丽花朵，在藤条编制的花篮里变成了永恒。栾树蒴果的色彩经久不衰，如精致的小灯笼挂满枝头　黄燕子　摄影

哪些植物适合做干花呢？

人们通常使用那些花瓣水分较少的花材制作干花，它们不易发霉，不易变形，能持久保存。制作干花用得最多的花材有：月季花、袋鼠爪、勿忘我、满天星、帝王花、黄金球、银叶菊、尤加利、棉花、香雪兰、兔尾草、蒲苇、千日红、松果菊、麦秆菊等等。其实很多植物你都可以尝试着做成干花，慢慢就能摸索出规律，还能找到你最喜欢的类型。

麦秆菊和麦穗做成的花束有着浓浓的秋意
黄燕子　摄影

一般说来，不适合做干花的植物，主要是指那些花瓣质地太软、容易变形的花，如朝颜、洋桔梗；或者花还没干，花瓣就已凋落的，如百合、铁线莲等；或者花瓣干后会发黑萎缩的。不过，也有人就喜欢那种柔软轻薄的花瓣皱起来的样子。

袋鼠爪制作的干花，不论成束倒垂，还是插在瓶器里，都十分别致　玛格丽特-颜　摄影

做干花的几种方法

1. 倒挂风干是最常用的方法。把鲜花扎成花束，倒挂在温暖、干燥，且通风良好的地方。要注意的是必须挂到枝干全部脱水干透后才能竖起来，否则枝干水分逐渐消失的过程中，花头低垂会影响干花的美观。捆绑鲜花的绳子要扎紧，不然鲜花失去水分后绳子变松，花朵会掉下来。此法不适合在空气太湿润的季节进行，如梅雨季节。

2. 平摊风干。放在架子上平摊开，注意架子要镂空，靠近底部的位置也需足够通风。最好不要太阳暴晒，不然干花容易褪色。

3. 烤箱烘干。烤箱设置低温慢慢烘干（千万不要高温），适合那些体积较小方便放入烤箱的品种，如百日草、雏菊、金盏花等小花朵。

4. 微波烘干。可将花朵上覆盖石英砂，放入微波炉（不要盖盖子），用微波炉加热一分钟后检查效果，不够干的话，再加热一分钟，直到花干为止。

5. 干燥剂吸干。在可密封的玻璃罐中放入鲜花，倒入干燥剂，至完全没过鲜花，盖紧盖子，放置一周左右即可制成。干燥剂可重复使用。

窗户顶上垂下的各种干花花束　玛格丽特-颜　摄影

藤编灯笼里的一束情人草　玛格丽特-颜　摄影

铁皮罐里的天人菊和糙苏　玛格丽特-颜　摄影

下边这个花环用永生花制作而成，永生花虽然色彩漂亮，但因制作工艺较为复杂，我们一般购买现成的永生花材来制作自己想要的作品。

大部分鲜花变成干花后花瓣都会皱缩，原本颜色很深的种类会变色更深，原本颜色稍浅的种类会显著褪色，多数会变成浅黄色。大红色的月季风干后成了典雅的紫红色，而粉红色的却成了玫红色。

如果是用自己种的鲜花来制作干花，不同种类的鲜花的采摘时机也有讲究。月季，最好选择在初开的时候，花瓣层数不能太多，不然最里面的花瓣不容易干透，反而霉烂了；另外选那些花瓣厚实些的，才能保持更完美的形态。蓍［shī］草、麦秆菊等可以在盛花期剪下。绣球可以任由花朵挂在枝头自然风干。天人菊、松果菊、麦秆菊等可以等花儿凋谢后，自然风干。松果菊、天人菊、芙蓉花、荷花等植物，花朵自然凋谢后，耐心等待它的果实成熟吧！因为这些植物的种子荚别有一番风味，也是制作干花的好材料。

干花玫瑰　玛格丽特-颜　摄影

自制干花香袋

把薰衣草、茉莉、玫瑰、桂花等有香味的花朵晾干；待一些如柠檬香茅、艾菊等香草类植物风干后，把带着特别香味的叶子和不同的干花花瓣混合在一起，根据个人喜好搭配出不同的味道。然后缝一个可爱的小花布袋子装干花，或者用一条手帕把干花包起来，挂在衣橱里，或放在书桌上，藏进书包里，便有了属于自己的香味。如果放在枕头里，梦中都带着甜香呢！

薰衣草香袋　毛秀玲　摄影

压花

压花，又称为押花。压花艺术根植于中国传统手工艺术，属中国的非物质文化遗产。选取各种天然植物花卉（包括根茎叶、花果、种子，甚至植物全株），经脱水处理，依其天然形态、纹脉和色泽，精巧设计，细心拼贴，真空装裱而成，从而将草木的灵性和美丽长久定格在画中。

李菁菁压花作品

傅庆军压花作品

李菁菁压花作品

我们平时注意收集一些植物的花和叶，把它们夹在书里，大概1—2个月就能压好。想让压花周期缩短，可以使用专门的压花工具。积累多一点压花素材，充分调动创造力，你也能制作满意的压花作品。

扫码观看傅庆军老师压花过程视频

傅庆军压花作品

草木养心读本推荐

1

《人间草木》

作者：汪曾祺

出版：浙江文艺出版社

扫码听早安小意达朗读
本书的一章：淡淡秋光

推荐语：

　　本书是散文爱好者阅读的经典范本，大部分作品是汪曾祺先生晚年所作，文风从华丽归于朴实，着笔于花鸟虫鱼，节令风物，把稀松平常的事物写出生活气息和人情味道。仔细品读，每一个热爱生活、热爱草木的人都能从中得到共鸣。

2

《植物知道生命的答案》

作者：[美] 丹尼尔·查莫维茨

翻译：刘夙

出版：长江文艺出版社

扫码听早安小意达读本书的
一章：植物能听见什么？

推荐语：

　　我们常常认为植物比动物要简单得多，但在这本书中，作者以最新的科学研究成果为基础，将植物的生活方式与人类的各种知觉进行类比。原来，植物也会像我们一样去感知这个世界，它们会看、会闻、有触觉、有记忆……事实上，植物与我们之间的共同点比想象中要多得多。

③

《园艺智慧》

作者：[英]蒙提·唐
翻译：光合作用
出版：北京科学技术出版社

扫码听黄燕读本书导言

推荐语：

　　蒙提·唐是英国家喻户晓的BBC电视节目《园艺世界》的主持人，也是全世界园艺爱好者心目中的"男神"。他曾因破产而陷入抑郁，是园艺让他重新振作，开启新的人生篇章。这本书是蒙提50年园艺生活的经验总结，他细致地梳理了园艺生活中各个方面的注意事项，针对每个月的园艺工作要点给出了颇具实践性的建议。同时蒙提也分享了他对人生的终极感悟：园艺是幸福生活的秘诀。

④

《花朵的秘密生命》

作者：[美]沙曼·阿普特·萝赛
翻译：钟友珊
出版：北京联合出版公司

扫码听早安小意达读本书的
一章：光阴

推荐语：

　　生活中，我们无时无刻不与花朵产生着密切的关联，但我们很少会去探究花朵背后不为人知的演化历史：花朵为何有如此复杂的形态；缤纷的色彩对花朵来说有什么意义；花朵在竞争中有何生存策略……作者以科学的视角和诗意的文字对这些问题一一作答，字里行间饱含着对植物的敬意和热爱，是一本会让人热泪盈眶的自然科普读物。

5

《树的秘密语言》

作者：[德] 彼得·渥雷本

翻译：陈欣怡

出版：北京联合出版公司

扫码听早安小意达读本书的
一章：树叶

推荐语：

本书作者彼得·渥雷本是德国著名的自然科普作家，他被誉为"森林游侠"，从小就立志成为一名自然保护主义者，一生都在与树木打交道。可以说，没有人比他更能读懂树木的秘密语言。虽然树木只是静静地伫立不动，但我们还是可以通过树木的肢体读懂它们的生命状态和生存智慧，这本书就是这门特别的语言课，让你可以与地球上最强壮、最长寿的生命对话。

6

《山之四季》

作者：[日] 高村光太郎

翻译：王珏

出版：云南人民出版社

扫码听早安小意达读本书的
一章：山之春

推荐语：

作者高村光太郎，日本近代雕刻家、诗人，他先是因深爱的妻子病逝而陷入空虚和迷惘，后来又因创作了一批歌颂日本侵略战争的诗歌而愧疚不已，于是孤身一人隐居深山7年，以此作为反省和赎罪的方式。在这本山居随笔里，高村光太郎用优美、淡然的文字娓娓诉说山居生活的种种细节，那些朴素而美好的细枝末节，让每一个渴望回归自然的人心生向往。

7

《园丁的一年》

作者：[捷克] 卡雷尔·恰佩克

翻译：陈伟　杨睿

出版：北京科学技术出版社

扫码听早安小意达读本书的
一章：园丁的四月

推荐语：

　　本书作者卡雷尔·恰佩克不仅是一位在国际文坛享有盛誉的剧作家、小说家，还是一名狂热的园艺爱好者。在这本园艺文学经典作品中，他事无巨细地梳理了一年十二个月里的园丁生活，以风趣、细腻的方式表达出园丁的内心世界。他的哥哥约瑟夫·恰佩克为这本书绘制了插图，这使得这本园丁的"自画像"更加鲜活、生动。

8

《改变历史进程的50种植物》

作者：[英] 比尔·劳斯

翻译：高萍

出版：青岛出版社

扫码听早安小意达读本书的
一章：薰衣草

推荐语：

　　郁金香引发世界上第一次金融危机；小麦从古埃及时代就滋养着人类文明；桑树铺就连接东西方世界的丝绸之路……这本书介绍的50种植物，曾经在历史上扮演着举足轻重的角色，永远地改变了历史的进程。了解这些植物的传奇故事，就是在了解人类的历史。

9

《植物学通信》

作者：[法] 让-雅克·卢梭

翻译：熊娇

出版：北京大学出版社

扫码听早安小意达读本书的

一章：第八封信

推荐语：

这本书是卢梭在晚年写的八封信，写信的对象是他表妹的女儿——一个5岁的小女孩。卢梭在信中介绍各科植物的特征，教她如何观察和辨识植物。在第八封信中，他还谈到了如何制作植物标本。我们在读这本书时，不妨把自己当做那个幸运的小女孩，聆听一堂由卢梭亲自讲授，穿越两个多世纪的植物学课。

学生笔记

我的树

树名：
生长地点：
我的树最美的模样
（可直接绘画，也可拍照粘贴）
我最欣赏它的这些特点：

我的树在一年中不同时节的变化

观察次数	日　　期	天　　气	树的状态描述
初　　见			
第　二　次			
第　三　次			
第　四　次			
第　五　次			
第　六　次			
第　七　次			
第　八　次			
第　九　次			
第　十　次			
第十一次			
第十二次			

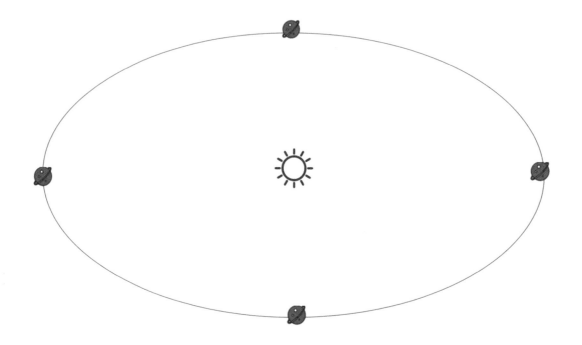

图书在版编目(CIP)数据

草木养心:中学生心理健康读本/钱海红总主编;黄燕本册主编. —上海:复旦大学出版社,
2021.1(2024.11 重印)
ISBN 978-7-309-15387-3

Ⅰ.①草… Ⅱ.①钱… ②黄… Ⅲ.①园艺-初中-课外读物 Ⅳ.①S6

中国版本图书馆 CIP 数据核字(2020)第 221072 号

草木养心:中学生心理健康读本
钱海红　总主编
黄　燕　本册主编
责任编辑/查　莉

复旦大学出版社有限公司出版发行
上海市国权路 579 号　邮编:200433
网址:fupnet@ fudanpress. com　http://www. fudanpress. com
门市零售:86-21-65102580　　团体订购:86-21-65104505
出版部电话:86-21-65642845
上海丽佳制版印刷有限公司

开本 787 毫米×1092 毫米　1/16　印张 9.25　字数 231 千字
2024 年 11 月第 1 版第 2 次印刷

ISBN 978-7-309-15387-3/S·13
定价:45.00 元